インタフェースデザインのお約束
優れたUXを実現するための101のルール

Will Grant 著
武舎広幸＋武舎るみ 訳

101 UX Principles
A definitive design guide

本書で使用するシステム名、製品名は、それぞれ各社の商標、または登録商標です。
なお、本文中では™、®、©マークは省略している場合もあります。

101 UX Principles

A definitive design guide

Will Grant

BIRMINGHAM - MUMBAI

Copyright ©2018 Packt Publishing. First published in the English language under the title 101 UX Principles (9781788837361).
Japanese-language edition copyright ©2019 by O'Reilly Japan, Inc. All rights reserved.
This translation is published and sold by permission of Packt Publishing Ltd., the owner of all rights to publish and sell the same.

本書は、株式会社オライリー・ジャパンがPackt Publishing Ltd.の許諾に基づき翻訳したものです。日本語版についての権利は、株式会社オライリー・ジャパンが保有します。

日本語版の内容について、株式会社オライリー・ジャパンは最大限の努力をもって正確を期していますが、本書の内容に基づく運用結果について責任を負いかねますので、ご了承ください。

ノアとクレアに、感謝をこめて本書を捧げる。

まえがき

　本書で紹介する101のルールは、デジタル製品のデザインに役立つ広範な指針をまとめたものだ。もちろん有益な指針はほかにも山ほどあるが、この101のルールは大半の製品のユーザビリティや性能を高める上で必須かつ基本のツボであり、マスターすれば時間を節約し顧客満足度をアップできる。

　さて、ウェブ界が成長発展していく過程で、いつしか大切なことが見過ごされるようになった。「UXはアートではない」という点だ。UXはアートの対極にある。そのようなUXをデザインするのは「ユーザーのために力を尽くす作業」であるべきなのだ。「見栄えの良さ」はやはり必須の要件ではあるが、それを満たすために機能がおろそかになっては困る。にもかかわらず、長年の間に粗悪なデザインが徐々に浸透し、些細なものではあっても数え上げれば100にものぼる側面で「劣化」してしまったデジタル製品が一部に見受けられる。

　一体全体どういう経緯でこんな事態に陥ったのか。ひとつにはブランディングを専門とするエージェントの関与があげられる。こうしたエージェントが依頼主の会社に「近頃、企業の間じゃ『写真は思い出』っていうコンセプトがトレンドなんですよ。ですから写真メニューも『メモリー』って呼ばないと」と焚きつけた。だが実際の製品を手にしたユーザーにはわけがわからず、自分の撮った写真さえすぐには見つけられなくなってしまったのだ。

　また、CEOがじきじきに選んだ爽やかな水色を、ウェブページの担当者が見出しという見出しに惜しみなく使ってしまう、というケースもある。携帯画面の白地を背景にしてこれを読まされるユーザーはたまったものではない。

　さらにこんな要因もある。マーケティング部門が「フルスクリーンのポップアップでユーザーのメールアドレスを集めれば、第4四半期のCRM（顧客関係管理）指標を改善できる」と判断してその実装を要請し、こう言い添える。「あ、それで、『閉じる』のアイコンはあんまり大きくしないでくださいよ。ユーザーに本当に閉じられちゃったら困るので」。

　以上、いずれもインターネットの世界では散見される事例であり、こんな企業はユー

vii

ザーのニーズを忘れ去り、「ユーザー第一」の視点を失ってしまったと言うほかない。ちなみに私はこの20年間、デジタル製品のデザインにまつわるさまざまなノウハウや秘訣を現場で身につけてきた。そのすべてが私の頭の中で渾然一体となり、いわば「UXデザインの巨大なOS」のようになっている。だから本書のためにそのひとつひとつを浮き彫りにするのは容易な作業ではなかった。

　私は常々、自分はデザインにかけては純粋主義者〔ピュリスト〕だと公言している。もちろん美的感覚も重視してはいるが、それはあくまでも精神衛生を守る必須要件だと捉えている。そして表面上のデザインの美しさの背後にまで目を向け、使い勝手も性能も良いソフトウェア ── 各種機能が一目瞭然で、使い方もわかりやすく覚えやすい製品 ── を生み出す努力を重ねてきた。

　そんな自分の経験を踏まえて書き上げた本書は、まだ経験の浅いデザイナーに対しては「成功への近道」を示し、経験豊富なUXのプロに対しては、従来公認されてきた思考法にあえて異議を申し立てるというスタンスをとっている。

　また、101のルールは、タイポグラフィ、コントロール（ボタンなどのUI部品）、カスタマージャーニー、各種要素の統一、UX全般に関わるプラクティスといった項目に大別した。クイックリファレンス的に興味のある箇所を選び選び読んでいただいても、第1のルールから始めて通読していただいてもかまわない。

　「これには賛成できない」と思えるルールもあるかもしれないが、それはそれでかまわない。なにしろこれは私が自説を披露する本なのだ。とはいえ、時にはそのような意見の相違が、これまで良しとしてきた考え方の見直しに、ひいてはユーザーのゴールを達成するより良い方法の模索につながる可能性もあり得る。

　読者の皆さんが「よくある落とし穴」を巧みに回避し、自信をもってユーザーのために闘い、すばらしいユーザーエクスペリエンスを実現できるUXのプロへと成長を遂げる上で、本書がお役に立てることを心から願っている。

2018年8月
ウィル・グラント
Will Grant

意見と質問

　本書（日本語翻訳版）の内容については、最大限の努力をもって検証および確認しているが、誤りや不正確な点、誤解や混乱を招くような表現、単純な誤植などに気がつかれるかもしれない。何かあれば今後の版で改善できるようにお知らせいただきたい。将来の改訂に関する提案なども歓迎する。連絡先を以下に示す。

　　株式会社オライリー・ジャパン
　　電子メール　japan@oreilly.co.jp

　本書についての正誤表や追加情報などは、次のサイトを参照してほしい。

　　https://www.oreilly.co.jp/books/9784873118949
　　https://www.marlin-arms.com/support/101-ux-principles（翻訳者）
　　　あるいは https://musha.com/sc/ux（後者は短縮版 URL）
　　https://www.packtpub.com/web-development/101-ux-principles（原書）
　　https://uxbook.io/（著者）

　オライリーに関するその他の情報については、次のオライリーのウェブサイトを参照されたい。

　　https://www.oreilly.co.jp/
　　https://www.oreilly.com/（英語）

ix

目次 TABLE OF CONTENTS

まえがき vii
意見と質問 ix

1章 プロローグ 1

001 あなたもUXのプロになれる 2

2章 文字と言葉 3

002 書体は最多でも2種類に 4
003 あえてウェブフォントを使う必要はない 5
004 フォントサイズで情報の階層を表現せよ 7
005 本文は標準の文字サイズで 10
006 まだ先があることは省略記号で表せ 11
007 「大文字小文字の区別なし」にせよ 13
008 文字色と背景色のコントラストの黄金比は4.5:1 14
009 用語は製品内で統一せよ 16
010 英語ページではlog inではなくsign inを使え 17
011 英語のページではregisterよりsign upのほうがしっくり来る 18
012 常に「顧客は生身の人間」を念頭に置いた表現を 20
013 動詞は受動態よりも能動態で 21

3章 アイコンやボタン 25

014 同一製品内ではアイコンのスタイルを統一せよ 26
015 古くさくなった機器のアイコンなど使うな 27
016 新たなコンセプトに既存のアイコンを使うな 30
017 アイコン内でテキストは絶対に使うな 32
018 アイコンには必ずテキストラベルを添えろ 34
019 絵文字は世界公認のアイコンセット 36
020 特徴的なファビコンを用意せよ 38
021 いろいろに解釈できてしまうアイコンやマークは使うな 40
022 ボタンにはボタンらしい体裁を 41
023 ボタンは機能ごとにまとめ、選択しやすい大きさに 44

xi

| 024 | ボタン全体をクリック可能にせよ | 46 |

4章　UI部品　47

025	作業ごとに最適なコントロールを選べ	48
026	我流のコントロールなど作るな、既存のコントロールを活用せよ	49
027	デバイスにもともと備わっている入力方法を利用せよ	50
028	年月日の選択用のコントロールは？	52
029	同一製品内では日付ピッカーのUIを統一せよ	54
030	スライダーは数値化できない値だけに使え	55
031	整数だけを入力してもらいたい場面なら数値入力用フィールドを	56
032	選択肢が2、3個しかない時にドロップダウンメニューを使うな	57
033	選択肢は多くしすぎるな	59
034	リンクはリンクらしい体裁にせよ	61
035	タップ可能な領域は指先サイズに	63

5章　フォーム　65

036	検索はシンプルなテキストフィールドと検索ボタンの形式に	66
037	複数行になりそうな入力欄は状況に合わせてサイズを調節せよ	68
038	フォーム入力は極力容易にせよ	70
039	フォームへの入力データは極力その場で検証せよ	73
040	フォームを検証したら要修正箇所を明示せよ	75
041	ユーザーの入力データの形式に関しては「太っ腹」で	77
042	郵便番号や住所の入力を容易に	79
043	電話番号の書式は柔軟に	82
044	メールアドレスの細かな検証は不要	84
045	注文と支払いのページは極力使いやすくせよ	86
046	決済時の情報入力は必要最低限に絞れ	89
047	金額入力欄における小数点以下の位の自動追加はやめろ	91
048	画像の追加を容易に	92
049	ユーザーが入力したデータは指示されない限り絶対に消すな	93
050	ユーザーが使おうとしている最中に動いてしまうUIなんて最悪だ	94
051	パスワードは「*」に置き換えるべきだが、「パスワードを表示」のボタンも用意せよ	96

xii　目次

052	パスワード入力欄はペースト可能にせよ	97
053	「パスワードをお忘れですか？」のページでは最初から入力欄にユーザー名を表示せよ	99
054	パスワードの再設定ページに関する留意点	101
055	破壊的アクションは取り消し可能に	103

6章　ナビゲーションとユーザージャーニー
105

056	初期ページはユーザーへの説明の好機	106
057	初心者向けのTipは簡単にスキップできるようにせよ	108
058	無限スクロールはフィード型コンテンツ限定に	110
059	無限スクロールが必須ならユーザーの現在位置を保存し、そこへ戻れ	113
060	始まり、中間部、終わりのあるコンテンツにはページネーションを	114
061	フィードをリフレッシュされたら、読み終わった項目の次へ移動せよ	116
062	ユーザージャーニーには明確な「始まり」と「中間部」と「終わり」を	118
063	どのジャーニーでも常に現在位置をユーザーに明示せよ	120
064	階層順に現在位置をたどれるパンくずリストを活用せよ	122
065	オプションのジャーニーはスキップ可能にせよ	124
066	eコマースのサイトは標準的なパターンを踏襲せよ	126
067	「既存のファイルを複製して編集」のフローを用意せよ	128
068	UI要素を必須、容易、可能の3種類に分けよ	129
069	ハンバーガーメニューなんて使うな	132
070	メニュー項目は下部で再表示せよ	134

7章　ユーザーへの情報提示
137

071	言葉で説明するのではなく、見せろ	138
072	隠れた部分もチラッと見せよ	140
073	パワーユーザー向けの設定は通常は非表示にせよ	142
074	処理の所要時間が明確なタスクには全体で1本のプログレスバーを	146
075	処理の所要時間が不明確なタスクにはスピナーを	148
076	ループするプログレスバーなんて最悪だ	149
077	プログレスバーには進捗率や残り時間を示すインジケータを添えよ	150
078	検索結果は分類して表示せよ	151
079	検索結果は関連度の高い順に表示せよ	152

目次　xiii

080	未保存はタイトルバーを使って警告せよ	154
081	アプリの評価依頼のポップアップなんてやめろ	155
082	起動画面で自社のミッションやビジョンの宣伝なんかするな	157
083	「弊社のビジョン」に関心のあるユーザーなんていない	158
084	通知項目は細かく指定できるようにせよ	160

8章　アクセシビリティ　　163

085	クリック可能なリンクのテキストは「読み上げ」機能に配慮して	164
086	読み上げ機能に配慮して［本文へ進む］のリンクを追加せよ	165
087	色覚障害者に配慮して色情報は補助情報と見なせ	166
088	画面表示の拡大・縮小は常に可能にせよ	168
089	Tabキーでの移動の順序は支援技術の利用者を念頭に置いて	170
090	コントロールのラベルは支援技術の利用者を念頭に置いて	171

9章　エピローグ　　173

091	ユーザーの予想や期待に反した動作をさせるな	174
092	デフォルト設定を過小評価するな	176
093	気の利いたデフォルト設定でユーザーの作業負担を軽減せよ	178
094	UIデザインではベストプラクティスの採用は盗用にはならない	179
095	是が非でも「フラットデザイン」を採用したければ視覚的シグニファイアを	181
096	「ファイルシステム」が理解できないユーザーは少なくない	185
097	「それ、モバイルでも動く？」はもはや過去の質問	187
098	メッセージ機能では定着済みのパターンを踏襲せよ	189
099	「ブランド」になど振り回されるな	190
100	ダークサイドには加担するな	192
101	ユーザーテストでは本物のユーザーを対象にせよ	196

最後にもうひと言 ──「単純明快」をモットーに	199
訳者あとがき	201
索引	236

1章
プロローグ

001
あなたもUXのプロになれる

　本書の対象読者は「職務の一環としてソフトウェア製品のデザインに携わっている人なら誰でも」だ。読者はフルタイムのデザイナーだろうか。UXの専門家や自社製品のUX関連の最高責任者といった役割の人もいるだろう。本書で紹介するルールはそうした役割の別に関係なく、製品の改善、顧客ニーズへの対応、顧客リピート率の向上に役立つと思う。

　本書の随所であげた種々の事例は大半がモバイルアプリ、ウェブサイト、ウェブアプリ、そして（一部は）デスクトップアプリケーションに関連するものだが、ルールそのものは車載UIやモバイルゲーム、コックピットの計器盤から、洗濯機等の家電インタフェースに至るまで、幅広く応用できる。

　ここで強調しておきたい。UXデザインに必須の基本スキルは**共感力**と**客観性**だ。UXの分野で長年経験と研鑽を積んできた人々の意見を軽視してよいと言っているのではない（そうした人々の経験と洞察力は貴重だ）。ここで指摘したいのは「学習と実践だけでは不十分」という点だ。

　共感力がなければ、顧客のニーズ、ゴール、不満を十分に把握できないのだ。また、既成概念にとらわれない目で製品を見据え、問題点を発見、修正するためには客観性が欠かせない。その他のスキルはどれも学習と実践で身につけられる。

ポイント

- UXデザインで頼りになるのは持って生まれた才能ではない。しかるべきコツやルールを覚えればよい
- 客観性と共感力がなければ良いものはできない
- 本書の狙いは「多くの人に試され効果が実証されてきた101のルールを、成功への近道として紹介すること」だ

2章

文字と言葉

002
書体は最多でも2種類に

　知ってのとおり、素人は書体（タイプフェース）のことを「フォント」と呼ぶ。だがデザインのプロにとって、書体はあくまで書体だ[*1]。「フォント」とは、ソフトウェアが文字を描画する際に用いる各デバイス上のファイルのことだ。例えてみればフォントはパレットに絞り出した絵の具、書体はキャンバス上に描かれた傑作、といったところか。

　無頓着に多数の書体を使うアプリやサイトをよく見かけるが、最多でも2種類にとどめるべきだ。ひとつは見出しやタイトル用、もうひとつは本文用だ。

　強調したり周囲と区別したりするには、あくまで前述の2種類の書体の中で英文なら斜体にする（日本語ならば、**太字**にしたり傍点を使ったりする）。よく使われる手法は「企業名やブランド名など見出しはカスタムフォントで表示し、コントロール（ボタンなどのUIに用いる部品）のラベルやアプリ内テキストは長年の間に読みやすさが実証されてきた書体で表示する」というものだ。

　アプリ内やサイト内で多数の書体を使うと視覚的な「ノイズ」が発生し、ユーザーが画面の表示内容を把握する労力を増やしかねない。また、企業や製品のブランディングを狙ったカスタム仕様の書体は、むしろ効果的なビジュアルインパクトを念頭に置いてデザインされていることが多いので、読みづらくなる嫌いがある。

ポイント

- 書体は最多でも2種類にとどめるべし
- ひとつは見出しやタイトル用
- もうひとつは本文用

[*1]　かつて活版印刷の時代には、「書体」は「ある共通のコンセプトに沿って作られた文字や数字、記号のスタイル」を、また「フォント」は「同一サイズ、同一書体デザインの活字一式」を意味した。しかし現在では「フォント」と「書体」の違いがあいまいになり、混同されやすく、どちらにも「フォント」が使われるケースが多くなっている。

003
あえてウェブフォントを使う必要はない

ブランディングのためのカスタムデザインフォントは確かにシャレている。遊び心や魅力に溢れている。だがページの読み込み時間が3秒は遅れる。この手のフォントはサーバーからダウンロードしてレンダリングする必要があり、ロード完了までは何も表示されないから、ユーザーの苛立ちを誘う。

カスタム仕様のディスプレイフォント（フォントサイズを大きく表示するのに適したデザインのフォント）を見出しやタイトルに使うのならかまわない。企業や製品のブランディング効果が得られるし視覚的な面白みも加味できる。だがカスタムフォントを本文に使うのは概して好ましくない。

第1に、カスタムフォントの場合、Google FontsやTypekitであっても、自分たちで作成したものであっても、とにかくどこかから取ってこなければならない。つまりユーザーの端末にフォントファイルをダウンロードするためのオーバーヘッドが生じるということだ。CSSによるデザインが有効でないページがフォントのダウンロードとレンダリングの最中に一瞬だけ表示されてしまうことがよくある。FOUC（flash of unstyled contentあるいはflash of unstyled text）と呼ばれる困った現象だ。

第2に、端末レベルでの効果アップを狙って本文用にたとえばぶっ飛んだカッコいい書体を指定したとしても、レスポンシブデザインや機種の違いで表示のされ方が端末ごとに微妙に異なる、という問題もある。

ユーザーのデバイスがスマホでもデスクトップでも、はたまたWindowsでもMacでも（Linuxでも）、きれいで読みやすいフォントが搭載されている。だからCSSで「システムフォント」を指定すればよい。システム組み込みの書体を利用して活字を表示させるのだ。システム搭載フォントを使えば大抵の場合ページの読み込みが速くなるし、表示される活字もより鮮明で読みやすい。

だから皆さん、どうかシステムフォントを活用してほしい。

ポイント

- ユーザーのデバイスにはシステム搭載フォントが組み込まれているのだから、それを活用せよ
- 一般にシステム搭載フォントのほうがカスタムフォントよりレンダリングがスムーズ
- サイトの表示速度もシステム搭載フォントを使ったほうが速い

004
フォントサイズで情報の階層を表現せよ

　情報の階層をフォントサイズで表現するというのは、画面の表示内容を幅広いユーザーに瞬時に理解してもらえるよう構成する上で単純だが効果的な方法だ。架空のカレンダーアプリのUIを例に取り、そのコツを紹介する。まず次の図を見てほしい。

　次の図と比較してみよう。タイトルのフォントサイズを違いが明白になるまで上げれば、一番重要な情報に注目してもらえる。

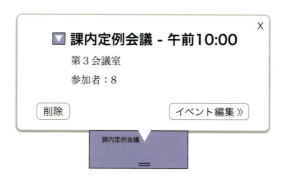

　ユーザーの目を最初に引きつけたい情報や、ユーザーにとって一番有益だと思える情報のフォントサイズを大きくし、さらなる詳細が知りたければ先へ読み進んでもらうという手法だ。ジャーナリズムの世界で同様の書式が広く用いられてきたのも、同じ理由による。たとえばこんな感じだ。

> ## 見出し　記事の要点を伝える
>
> ### 小見出し　背景情報を追加し、疑問点や問題点を提起する
>
> **本文**　ここで詳細を徐々に紹介していくことで記事を展開する。文末に近づくにつれて情報の内容や重要度が薄れていく。

　こうしたジャーナリズムの手法を UI デザインでも応用すれば大きな効果が得られるはずだ（**図4-1**）。

Note　プロの助言：バランス感覚が大事。やりすぎは禁物だ。同一ページ内で拡大する要素を多くしすぎると、階層構造も強調箇所も不明瞭になってしまう。

ポイント

- 情報の重要度はフォントサイズで表現せよ
- この用途でのフォントサイズは最低2種類、最多でも3種類にとどめるべし
- ユーザーにとってどの情報が一番重要かを考えろ

図4-1　デザインブログ「A List Apart」の「記事一覧」でも、フォントサイズによる階層化が行われている

005
本文は標準の文字サイズで

アプリやサイトのユーザーは、(当たり前の話だが) 文字をたくさん読むことになる。そこでその大きさだが、どの程度が適当なのだろうか。

固定サイズのテキストはもはや過去のものとなった。今やほとんどのブラウザで (デスクトップでもモバイルでも) ユーザーによるフォントサイズの拡大縮小、「リーダーモード」への切り替え、システムレベルでのユーザー補助機能 (拡大表示やハイコントラスト配色) の設定が可能だ。

こうした現状を踏まえてやるべきなのは「ユーザーがあなたのアプリなりサイトなりを初めて起動する時に表示されるデフォルトの大きさを決めること」だけだ。理想を言うと、十分読みやすい大きさにする必要はあるが、ユーザーがあきれるほど大きくしたり、既に各種要素がひしめき合っているビューを占領するほど大きくしたりするべきではない。

大多数の一般ユーザーを対象とする場合、(英文の) 本文テキストにはフォントのサイズ (font-size) を16px、行間 (line-height) を1.5、文字間隔 (letter-spacing) をnormalに指定すればまず間違いない。

通常、本文の文字間隔はわざわざ指定する必要がない。テキストレンダリングにかけてはブラウザのほうが我々よりよほど優秀だ。

ポイント

- (英文の) 本文テキストの場合、フォントサイズを16px、行間を1.5、文字間隔をnormalに指定するというのが妥当な線だ
- その上で、ユーザーがデバイス上で文字を拡大縮小できる機能を用意せよ
- デバイスのスケーリング機能を無効にするのは厳禁だ

10　2章　文字と言葉

006
まだ先があることは省略記号で表せ

あなたのアプリやサイトでユーザーが「削除」ボタンを目にしたとする。そのボタンをクリック（タップ）したらどういうことが起きるのか（たとえば次のようなことが考えられるが）、それをユーザーにどう伝えればよいだろうか。

- 今ユーザーの目の前に表示されている「対象」が削除される
- 削除する必要があるのはどの「対象」なのか尋ねられる
- その「対象」を本当に削除したいのか確認される
- すべてが直ちに削除される

このような場合、そのボタンに「削除...」というラベルを添えておけば、ユーザーはすべてが直ちに削除されてしまうわけではなく、削除の前にまだもう1ステップあると察するはずだ。つまり、このボタンをクリック（タップ）するのは、複数のステップから成るプロセスのうち最初のステップであり、削除というアクションを承認もしくはキャンセルするステップがまだある、と推測する。このように、アクションを実行するためのステップがまだもうひとつあるコントロールには、ラベルに省略を表す「...」を添えよう（図6-1）。

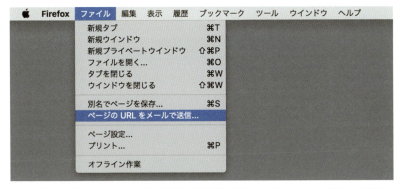

図6-1　［新規タブ］を選択すると新規タブが開くだけだが、［ページの URL をメールで送信...］を選択すると次のステップに進み追加情報を要求される

「...」は見えない<ruby>デザイン<rt>インビジブル</rt></ruby>の好例だ。ほとんどのユーザーはその存在にさえ気づかないが、何度も使っているうちに微妙なメッセージがそれとなく伝わる。出しゃばることなくきちんと仕事をこなすスグレモノなのだ。

ポイント

- ユーザーが取るべきアクションがまだもうひとつある場合はラベルに「...」を添えよ
- 「...」があれば、ユーザーはそのアクションを承認（キャンセル）するためのステップがもうひとつあると確信できる
- ユーザーは「...」の意味することを、使っているうちに無意識に覚えてしまう

007
「大文字小文字の区別なし」にせよ

　大文字、小文字を区別しないシステムは多いが、このことを意識する人はあまりいない。わざわざ大文字と小文字を区別する必然性があるケースは少ない。たとえばメールをWill@WillGrant.orgに送信してもwill@willgrant.orgに送信しても同じ所に届くし、https://www.WikiPedia.ORGをクリックしてもhttps://www.wikipedia.orgをクリックしても同じサイトが開く。

　メール配信システムもDNSも、大文字小文字を区別しない。これは正しい判断だ。この判断を間違えていたら、カスタマーサービス部門が顧客サポートに費やさなければならない時間と労力が大幅に増えてしまっていたことだろう。

　とはいえ、サインイン（ログイン）で大文字小文字を区別するアプリやサイトは依然、皆無ではない。そのためユーザー名やメールアドレスの大文字小文字を逆にしてしまったユーザーはサインインできないし、たとえ覚えていたとしてもモバイルデバイスのちっぽけなキーボードで大文字を指定するのはひどく厄介だ。

　このように不要であるにもかかわらず「大文字小文字の区別あり」をデフォルト（標準の設定）にしたりすると、ユーザーにとっては、なぜサインインできないのかわからない正体不明の猛烈頭に来るエラーになってしまう。

　パスワードは常に「大文字小文字の区別あり」にするべきだが、それ以外は（よほどの理由がない限り）すべて「大文字小文字の区別なし」にしよう。

ポイント

- どちらが良いか迷ったら「大文字小文字の区別なし」をデフォルトにせよ
- パスワードは常に「大文字小文字の区別あり」にせよ
- 「大文字小文字の区別あり」にしなければならない時は、きちんとユーザーに知らせろ

008
文字色と背景色のコントラストの黄金比は4.5：1

　ずいぶん前の話だが、1999年に、World Wide Web Consortium（略称W3C。インターネットで使われる各種技術の標準化を推進する国際標準化機構）がWeb Content Accessibility Guidelines（WCAG）というタイトルの勧告を公開した。その後それを改訂し、2008年に公開したのがWCAG 2.0であり、その中で「ウェブサイトは知覚可能、操作可能、理解可能、堅牢でなければならない」と4つの原則を掲げている。

　この4原則に基づいて構築された12のガイドラインは広範かつ詳細で、本書の範囲をはるかに超えるものだが、その中でもとくに重要で、UX向上の取り組みにぜひとも採り入れたい指針がいくつかある。

　そのひとつが文字色と背景色のコントラストに関するものだ。

1.4.3 コントラスト（最小）：テキストおよび文字画像と、その背景との間には、少なくとも4.5：1のコントラスト比を確保する

　ロゴ（やサイズの大きなテキスト）はこの対象からは外れるが、「文字色と背景色のコントラスト比4.5：1」は常に覚えておくべき金科玉条だ。次の3つのボタンの例を見てほしい（**図8-1**）。一番下のコントラストの低いボタンは視覚障害者にとっては非常に読みにくいはずだ。

　いや、視力抜群の人でも、一番下のボタンは（とくにちっぽけなモバイル画面では）読みにくく、イラッとくるはずだ。

　インターネットでカラーコントラスト比のチェックツールが各種公開されているから、検索して好みのものを見つけ、作成中のアプリやサイトのコントラストをチェックしてみてほしい。適正なコントラスト比を確保できれば、視覚障害者に有益なだけでなく、一般ユーザーの不満や苛立ちも予防できる。

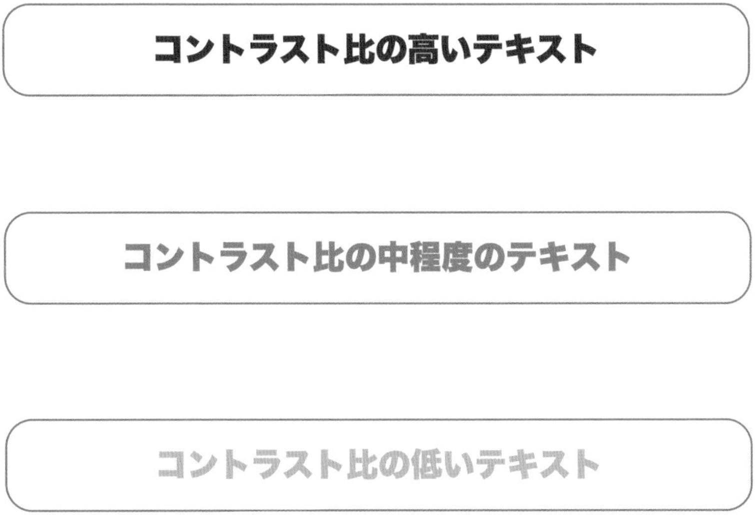

コントラスト比の高いテキスト

コントラスト比の中程度のテキスト

コントラスト比の低いテキスト

図8-1 コントラスト比の差が生む違い

マーケティングチームから「コントロールに添えるテキストやアプリ内のキャッチフレーズは、コントラストの低い色の組み合わせにせざるを得ない。ブランディング効果を出すためだから仕方ないのだ」と言われたら、「ブランディング効果うんぬんの基準を押しつける相手を間違ってるんじゃないのか」と言ってやれ！

ポイント

- 「カラーコントラスト比4.5：1」はあくまで最低レベルの達成基準にすぎない
- 最大限の読みやすさを実現したいなら、コントラスト比7.5：1前後を目指せ
- アクセシビリティ向上のための対策ではよくあることだが、このルールも（視力の良し悪しに関係なく）あらゆるユーザーに有益だ

008 文字色と背景色のコントラストの黄金比は4.5:1　15

009
用語は製品内で統一せよ

　製品内で使う用語には2つの目的がある。第1は「画面やページ、UIなどの要素が何であるのかをユーザーに伝えるラベルとしての役割を果たす」という、ごく明白な目的だ。

　これほど明白ではないが、重要性で勝るのが第2の目的で、それは「製品内で使う用語が、その製品を厳密に規定し表現する言語環境の重要な構成要素となる」というものだ。ユーザーにとっては製品の「メンタルモデル」を組み立てる上で、「ある用語が厳密に何を意味するのか」をしっかりと理解することが不可欠となる。

　具体的な例を3つあげよう。

- 電子商取引のためのショッピングカートを「カート」と名付けたら、サイト内のどこで使う場合でも必ずその呼称を使わなければならない
- ユーザープロフィールのページを「プロフィール」と名付けたら、サイト内のどこでそれを使う場合でも必ずその呼称を使わなければならない
- メールに関する設定を行う画面を「メール設定」と名付けたら、サイト内のどこでそれを使う場合でも必ずその呼称を使わなければならない

　こうした用語統一のルールを守らないと、ユーザーは混乱し、制作者側の意図を理解するのに手間取ってしまう恐れがある。

ポイント
- 用語は製品内で統一せよ
- 同じものを指しているのに呼称がまちまちでは困る。製品の「言語」には一貫性をもたせろ
- 用語や表現を統一することで、ユーザーのメンタルモデルの迅速な形成を促進せよ

010
英語ページではlog inではなく sign inを使え

　会議に出席するため、あるいは内科や歯科で受診するために受付で氏名を書いたという経験は誰にでもあると思う。だが今生きている人のうち、現実の世界で「log in」した経験のある人なんて、いるはずがない。「log in」というIT用語は「（当直の航海士がシフトの時間やその日の航走距離などを）航海日誌に記入する」という意味の単語logから派生したものだが、文字どおりあなたのユーザーが18世紀の船乗りだなんて、あり得ない！

　にもかかわらず、ソフトウェア（それもとくに開発者がデザインした企業間取引のためのソフトウェア）では、かなりの頻度で「log in」あるいは「log on」という用語に出くわす（さらに悲惨な「logon」なんてのもある）。

　英語のページでは一貫して「sign in」「sign out」を使うべきだ。「受付で氏名を書く」という現実世界の経験とも響き合う、ユーザーにとっては馴染み深い用語だからだ（あなたの製品が時空を旅する海賊どもを対象にしたモバイルアプリであるなら、もちろん話は別だが）。

ポイント

- 英語のページでは「log in」「log out」ではなく「sign in」「sign out」を使え
- この手のタスクには、現実世界での同様の状況を念頭に置いた表現を使うと、ユーザーにとってはより馴染み深いものになる
- とくに「login」「logon」は超悲惨だから使うな

Note　訳者補記：日本語のサイトでは、もっぱら「ログイン」「ログアウト」が使われているので、もはやこれを使うしかないだろう。「サインイン」は馴染みがない人が多すぎる。「利用開始」「利用終了」といった表現ならば、日本語としては違和感はないが、いつもと違う用語に戸惑うユーザーも出るかもしれない。あるいは「訳者あとがき」で紹介した国税庁のページのように、ユーザーの行う作業を「アイコンと簡潔な説明」で大きく表示してもよいかもしれない。

011
英語のページでは register より sign up のほうがしっくり来る

「register（登録する）」に比べると、「sign up（入会手続きをする）」や「join（参加する）」のほうが人間味でも親近感でも勝っていると思う。私感だが、registerにはなんだかユーザーに強制しているような印象がある。それに、既にいろいろなアプリ（サイト）でユーザー登録をしているのに、新たにもうひとつアカウントを作るというのは、ユーザーにとってはうれしいことではない。面倒な入会手続きをまたひと通りこなさなければならないし、覚えるべきパスワードがまたひとつ増えるわけだし、またまたどっさりメールが送られてくるからだ。

言うまでもなくアカウントを作成する理由は千差万別だが、とにかくその手続きの呼称として、よそよそしい感じの否めないregisterは使わないほうがよい。さらに、直前のルール「010 英語ページでは log in ではなく sign in を使え」に書いたように「sign up」は「sign in（登録済みのユーザーとして個人認証を受け、サービスの利用を開始する）」とセットにするとしっくり来るから、「log in」よりもお勧めだ（**図11-1**）。

図11-1　親近感のもてる説明文を添え、ボタンに明確なテキストを貼ることで、ユーザビリティを大幅にアップした事例

コントロールに「sign up」のテキストを貼り、効果的な説明文を添えれば、親近感もユーザビリティもかなりアップできる。上の例では、入会を勧める理由として、アカウントを設定することで得られる利点も簡潔に紹介している。

ポイント

- 英語のページでは「register」ではなく「sign up」や「join」を使え
- アカウントを作成することで得られる利点を明示せよ
- 説明文やコントロールに貼るテキストはアプリ内で統一せよ

012
常に「顧客は生身の人間」を 念頭に置いた表現を

ソフトウェアの中で出くわす用語や表現には、システム中心、企業中心の視点で書かれているものがあまりにも多い。たとえばメニューオプションで「顧客を編集」「新規顧客を作成」なんていう表現がまかり通っていたりする。だがしばし立ち止まって考えてみてほしい。「顧客」といえば生身の人間だ。そんな顧客を我々が「作成する」ことなどあり得ないし、「顧客を編集」「新規顧客を作成」できるはずがない。

開発者にしてみれば、「顧客」といっても単なるデータベースのレコードだから、それを「編集」したり「作成」したりは何もおかしいことじゃない。だがユーザーから見たら、この2つのオプションは「顧客の詳細情報を編集」「新規顧客の情報を追加」としたほうがはるかによい。

このルールを実践する上で何よりも頼りになるのが客観性と共感力だ。言い換えると「自分たちが作っている製品」という見方を一時捨てて、顧客の目になって見直してみる能力が大事、ということだ。これはユーザビリティの高いソフトウェアを構築するには欠かせない能力であり、面倒でもやってみる価値は十分ある。

製品内の説明文、メニューコントロールに添えるテキスト、さらにはマーケティング用の資料に至るまで、あなたが書く文や用語には重みがあり影響力がある。言葉の選択が正しければユーザーを引きつけられるし、選択を誤ればユーザーを遠ざけてしまう。意図したとおりにユーザーを導くこともできれば、逆に顧客を混乱させ当惑させてしまうこともある。だから言葉遣いや表現には慎重を期し、とことん練り上げるべきなのだ。そうすればユーザーに愛される製品に仕上げられる。

ポイント

- 製品内のテキストや説明文は、企業中心ではなくユーザー中心の視点に立って書け
- 知らないうちに「自分の職場ならではの用語や表現」が製品に忍び込むことがあるから要注意だ
- 自分たちの製品をユーザーがどう受け取るかが、いかに自分の書く用語や表現に左右されるか、じっくり考えてみろ

20　2章　文字と言葉

013
動詞は受動態よりも能動態で

　本書で紹介しているルールの大半は、UX改善効果の高い視覚的デザインに関するものだが、我々デザイナーが使う言葉も製品のユーザビリティを大きく左右する。

　10年前、私はプレイン・イングリッシュ・キャンペーン（平明で読みやすいドキュメントに「クリスタルマーク」を授与している英国の独立団体）が開催した半日の講習会に参加した。おかげで目からウロコのコツやノウハウを山ほど伝授してもらえたが、中でも今なお強く印象に残っているのが「動詞の能動態と受動態」だ。まずは次の定義を読んでほしい。

> 受動態では、動詞の行為を受ける対象が主語となる。たとえば「The ball was thrown by the pitcher.（ボールはピッチャーによって投げられた）」という受動態の文のthe ball（主語）は動詞の行為を受ける対象であり、述部は「was thrown」の形を取っている。同じ状況を能動態で書くと「The pitcher threw the ball.（ピッチャーはボールを投げた）」となる。
>
> ── Dictionary.comより[1]

　さて、受動態よりは能動態のほうが直接的だから、ユーザーが頭の中で意味を読み解く処理過程が受動態の場合より少なくて済む。これをUXの分野に応用すると「能動態のインタフェースのほうが、受動態のものより迅速に理解、利用され得る」ということになる。

　また、製品内の説明文を能動態にすると、堅苦しい官僚的な雰囲気を弱めてシンプルな印象を与えることができ、ユーザーには歓迎されると思う。次の2つの文を比べてみてほしい。

- This matter will be considered by us shortly.（受動態）

  （この件はほどなく担当者によって対応されます）

- We will consider this matter shortly.（能動態）

  （この件はほどなく担当者が対応いたします）

---

[1] active voice（能動態）の項（https://www.dictionary.com/browse/active-voice）とpassive voice（受動態）の項（https://www.dictionary.com/browse/passive-voice）からの引用。

この例からもわかると思うが、能動態のほうが歯切れがよく、語数も少ない。ソフトウェアのデザインに関連して言うと「画面に表示される説明文を、はるかに読みやすくできる」ということだ。次の2つの例も見てほしい。

- 「In order to apply updates, your computer must be restarted.（更新内容を反映するためには、あなたのコンピュータは再起動されなければなりません）」は受動態。これを能動態の「Please restart your computer to apply updates.（コンピュータを再起動して更新内容を反映してください）」にすれば、より明確になるし説得力も増す
- 「The "search" button should be clicked once you have entered search terms.（検索キーワードを入力したら、「検索」ボタンがクリックされる必要があります）」という受動態の文は、はるかに簡潔な能動態の文「Enter search terms and click "search".（検索キーワードを入力して『検索』ボタンをクリックしてください）」に置き換えたらよいだろう

なぜ受動態の文が多いのか。ひとつ考えられるのは、ソフトウェアをデザインしているのが大抵、大規模で官僚的な組織であり、そうした組織に付き物の言葉遣いや雰囲気が長年の間に浸透してきたのだろう、という点だ。受動態と聞いて多くの人が思い浮かべるのは「おせっかいなほどバカ丁寧な言い回し」や「堅苦しい雰囲気」だが、実体は単なる「もったいぶった紛らわしい表現」にすぎない。

アプリやサイトの規模が大きくなってくるとどうしても、意見したがる利害関係者（ステークホルダー）の数は増えるし、ブランディングの担当部署はブランド価値を反映するキャッチフレーズを要求するし、法務課は事実関係を漏れなく正確に反映する厳密な表現を求めてくるし、グロースハッカー（ユーザーから得たデータを分析しマーケティングの課題を解決する職務の担当者）は製品に「キーワード」を盛り込めと主張する、などなど厄介な要素がわんさと割り込んでくる。その結果、気の毒なユーザーが目にするのが、原案がすっかり骨抜きにされてしまった、極端に複雑で遠回しな受動態の表現、というわけだ。

インタフェースに受動態を使うと、わかりにくくなるし、使うのにも手間取る。根絶せよ。

ポイント

- アプリ（サイト）内の説明文は受動態ではなく能動態にせよ
- アプリ（サイト）内の説明文やラベルが明快か、チェックを怠るな
- アプリ（サイト）内の語句や言い回しは本物のユーザーを対象にしてテストし、結果がベストなのはどれか見極めろ

3章

アイコンやボタン

014
同一製品内ではアイコンのスタイルを統一せよ

同一製品のアイコンなのに、スタイルがてんでばらばら —— ユーザビリティの点から見たら最悪の事態だ。一体どういう経緯でこんな事態になってしまったのか、私には見当がつく。なかなか見栄えの良いアイコンセットを見つけたのでそれを使い始めたが、途中で「アップロード」や「ダウンロード」のアイコンがないことに気づく。

だがUIについて話し合うミーティングは今日、もうあと数時間で始まる予定だから、ぐずぐずしている暇はない。そこでとりあえず▲と▼を使ってしまったが、ほかのアイコンとスタイルがまるで違うから、ユーザーがこの2つもこのアプリのUIだとすぐ理解してくれるとは到底思えない……とまあ、こんな状況だったのではあるまいか。

アイコンについても手抜きは禁物だ。自分のサイトなりアプリなりで使おうと決めた隠喩^{メタファー}は、あくまでも貫き通さなければいけない。同一サイト（アプリ）内のアイコンのスタイルを統一するためには、いくつか自分でゼロから描かなければ、というケースもあり得る。大変だが、エンドユーザーのユーザビリティを考えればやる価値はある。

ポイント

- 同一製品内ではアイコンのスタイルを統一せよ
- 手間を惜しんでスタイルの異なるアイコンを混ぜるのは厳禁だ
- アイコンのスタイルは余分な手間をかけてでも統一するべし

015
古くさくなった機器のアイコンなど使うな

「フロッピーディスク」のイラストが「保存」を意味するアイコンとして使われ出して、もう20年以上たつだろう。そしてそれがいまだにデスクトップアプリでもウェブアプリでも使われている。わかりやすい視覚的隠喩(メタファー)として長年愛用されてはきたものの、世の中変わったのだ、20歳未満のユーザーが今後「フロッピーディスク」を目にすることなんて、まずあるまい。

このほかにも、くるくる巻いたコードや回転式ダイヤルの付いたレトロな電話機、1950年代に人気を博したラジオマイクなどのアイコンも使われている。さらにはオープンリールのテープレコーダーのイラストが「ボイスメール」のアイコンとして使われている例もある（**図15-1**）。

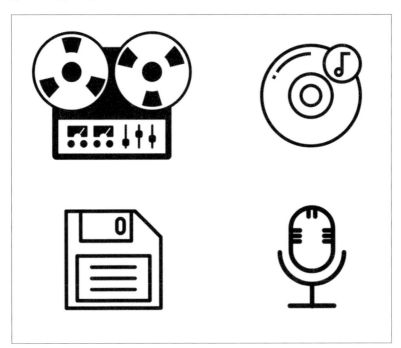

図15-1　今から10年先には、どういう物なのかわかる人がゼロになっているかも

視覚的なメタファーを選ぶ時には、ユーザーの年齢層、国や地域の文化と言語を考慮して、どう受け取られるかを想像してみることだ。アイコンに使えそうなメタファーを探すのは容易なことではないが、ドンピシャリのものが見つかれば、その分だけユーザーに親近感をもってもらえる製品になるのだから、やる価値は十分ある。ちなみに「保存」を意味するアイコンについてだが、(「保存」が「ウェブベースのサービスへデータを送ること」となりつつある昨今) 我々デザイナーが「リムーバブルディスク」や「ハードディスク」以外の標準アイコンを考えるべき潮時が来ていると思う (**図15-2**)。

図15-2　たとえばピクトグラム無料配布サイト The Noun Project の Jeevan Kumar によるこの「クラウドに保存」なんてよいのではないだろうか

　そして、アイコンにある程度のあいまいさは「付き物」なのだから、必ずテキストラベルを添えて補ってやるべきだ (「018 アイコンには必ずテキストラベルを添えろ」を参照)。アイコンは主として視覚的な手がかりや記号として、さらにタップ (クリック) 可能なターゲットとして機能しなければならない。

　デザインの分野ではほぼ例外なく、実際のユーザーを対象にして行うテストが有効だが、それはアイコン選びにも当てはまる (「101 ユーザーテストでは本物のユーザーを対象にせよ」を参照)。ユーザーに「このアイコンは何だと思いますか？」と尋ね、さらにあとでそのアイコンを思い出せるかどうか確認してほしい。

ポイント

- もう使われなくなった機器など古くさい視覚的メタファーをアイコンに使うな
- アイコンには必ずテキストラベルを添えて明確にしろ
- アイコンの有効性は本物のユーザーでテストせよ

016
新たなコンセプトに既存のアイコンを使うな

まれに、まったく新しいアイコンを編み出さなければならないことがある。かつてない斬新なコンセプトを表現しようとするこうした場面で、別の何かを意味する既存のアイコンを使ったりしたら、ユーザーを混乱させるのが落ちだ。まっさらだが意図は明確に伝わり、実世界の事例と1対1で対応している、そんなアイコンでなければならない。「そんなの大変すぎ」と思ったあなた、誰がやっても大変な仕事なのだ。

さいわい、こうしたまったく新しいアイコンを考え出さなければならない場面というのはめったにない。アプリやサイトで扱うコンセプトの大半は、UI関連の慣習に従い既存のUXパターンを活用すれば首尾よく対処できる。とはいえ、前代未聞のコンセプトが生まれ、それを表すアイコンが必要になるケースもゼロではない。

最悪なのは、斬新なコンセプトに既存のアイコンをあてがってお茶を濁してしまうケースだ。他の製品で使われてきたアイコンが、まったく別の意味合いで使われているのを目にしたユーザーは混乱して当然だ（**図16-1**）。

図16-1　とかく濫用されがちな気の毒なアイコンたち

上の図であげたのは、誤用のせいで多義性をもってしまったアイコンだ。

- Wi-Fi関連の扇状のアイコン
- 雲のアイコン
- 地球のアイコン

いずれも「アップロード」「保存」「共有」「メール」などさまざまな意味で使われている。中には、Wi-Fiアイコンが「非接触型ICカードによるお支払い」という意味で使われている

ケースさえあった。違和感があるし、まぎらわしいことこの上ない。

時にはミスが起こるのもわからないではないが、大抵は単なる手抜き以外の何物でもない。確かにドンピシャリのアイコンを探し出すのは容易なことではないし、独自のアイコンを生み出すとなると、かなり大変だ。

ただ、ネット上に検索機能を備えた大規模なアイコン素材サイトがたくさんあるから、これを活用したいものだ。ロイヤリティフリーの場合もある。たとえば私の目下のお気に入り The Noun Project[1] などだ。こうしたサイトで手早く検索し、あるコンセプトを他のデザイナーがどんなアイコンで表現しているかを確かめるのは有意義なことだ。

（大抵は無料で配布され）さかんに利用されているパターンを自分のアプリやサイトでも採り入れる、というのはユーザーにとっては大変有益で、このことはアイコン選びの場面にも当てはまる。他のアプリやサイトでよく使われているパターンなら、ユーザーの側でも見覚えがあり、改めて意味を覚えるまでもなく安心して楽に使える。

ポイント

- あなたの用途に合ったアイコンは、まず間違いなく既にある
- 新しいコンセプトに既存のアイコンを使うな
- ロイヤリティフリーのアイコンで、用途に合うものがないかチェックせよ

---

[1]　https://thenounproject.com/

017
アイコン内でテキストは絶対に使うな

　本来アイコンとは「ある概念を表現する単純な絵」であるはずだ。ユーザーが今クリックしようとしているのが本人の望みどおりのものであることを簡潔な視覚的表現で示す絵なのである。

　さて、アイコンのデザイナーが、ひと目でそれとわかる効果的な絵が描けず悶々とする、というのは珍しいことではない。しかもその解決策として、絵そのものを改善するのではなく、なんとアイコンの中にテキストをはめ込んでしまう。ちなみに今ここで私が取り上げているのは、アイコンにテキストラベルを添えることではなく（こっちは必須だ）、テキストをアイコンの中に埋め込んでしまうけしからん行為のほうだ（**図17-1**）。

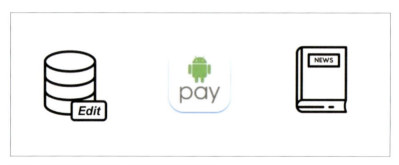

図17-1　アイコン内にテキストを埋め込んだ3つの事例

　第1に指摘するべきは「手抜き」だということだが、もっと深刻な問題がある。「Google翻訳」のようなオンライン翻訳サービスでも、文字列ファイルを使って多言語対応をしているアプリでも、アイコン内に埋め込まれたテキストは翻訳されない。この結果、ユーザーがその意味を理解できない恐れがある。

　音声読み上げソフトの利用者にも影響が出る。スクリーンリーダーはアイコン内のテキストを読み上げることができない。だからたとえ余分な手間がかかっても、テキストなしでも意味を伝えられるアイコンを作るなり見つけてくるなりするべきなのだ。

ポイント

- アイコンの中でテキストは使うな
- アイコン内のテキストは訳すことも、スクリーンリーダーで読み上げることもできない
- テキストはアイコンの中に埋め込むのではなく、アイコンにラベルとして添えろ

018
アイコンには必ずテキストラベルを添えろ

　ここで取り上げたいのは「アイコン内に埋め込まれたテキスト」ではない（それについては「017 アイコン内でテキストは絶対に使うな」を参照）。ボタンにアイコンを添えるだけでなく、そのアイコンにテキストラベルも添えろ、と言いたいのだ。これといった特徴のないちっぽけなボタンと、これまた何を表しているのか不明な謎のアイコンを置いただけでは、ほとんど使い物にならず、ユーザーテストでの成績も一貫して芳しくない。ただし例外もないわけではなく、太字、斜体、下線など、よく使われているコントロールなら、テキストラベルを添えなくてもユーザーに理解してもらえる。機能を説明するテキストラベルがぜひとも必要なのはメインメニューやツールバーのアイコンだ。

　では、アイコン本来の目的をここでもう一度押さえておこう。それは「ユーザーに、コントロールを瞬時に識別するための簡潔な視覚的表現を提示すること、また、クリック（タップ）するべきターゲットを提供すること」である。ユーザーがアイコンを初めて目にした時、ボタンの機能を説明するのはアイコンではなくテキストラベルの役目だ。もっとも、特徴的で覚えやすいアイコンなら、ユーザーはその後、そのアイコンを目にするだけで、より素早くコントロールを見つけ、その目的をより素早く思い出すことができる。

　アイコンというものは、数多くの製品で「適」も「不適」も含めてさまざまな使われ方をしているから、あるひとつのアイコンが常に特定の意味をもつということは、まずない。たとえば「履歴」の機能を表すアイコンだけを取って見ても、時計、矢印、矢印の中の時計、砂時計、羊皮紙の巻物といった具合に多岐にわたる選択肢が思い浮かぶ。あなたが作ろうとしている製品の特定のコンテクスト（状況）で、特定のアイコンが意味することをユーザーに正確に理解してもらうためにはテキストラベルが必要なのだ。

34　3章　アイコンやボタン

図18-1　どちらのほうがわかりやすいか？

　デバイスの画面サイズに依存しないウェブサイトを構築するための「レスポンシブデザイン」ではモバイル画面の狭さを考慮してアイコンラベルを犠牲にするデザイナーが多いが、これはまずい。モバイルユーザーにとってもコンテクストを正しく把握するためのラベルは必要だ。アイコンとラベルを併用してこそ、コンテクストを正しく伝え、的確な指示を出すことができるし、新規とベテランの区別なくユーザーの記憶をよりよく喚起できる。

ポイント

- アイコンには必ずテキストラベルを添えろ
- モバイル版でもラベルは非表示にするな
- ラベルなしのアイコンは、ユーザーの不満や苛立ちの大きな原因となっている

019
絵文字は世界公認のアイコンセット

　シンプルで効果的なアイコンを使って、わかりやすく親しみやすいインタフェースを作りたい、と考えている人。絵文字を使え。

　絵文字は発祥の地である日本では早くも1990年代から使われていたが、iOSのおかげでそれが思いがけない形で欧米にも広まることになった。日本におけるiPhoneの販売契約の交渉でソフトバンクがAppleから絵文字機能のサポートを取り付けたことで、欧米でインターナショナルキーボードを使う人々が絵文字を使い始め、やがて 😂 がオックスフォード辞典の「2015年の英単語」に選ばれるほど普及してしまったのだ。

　つまり、パソコン、スマートフォン、タブレットのユーザーの圧倒的多数が絵文字に親しんでいる、ということだ。

　絵文字はユニコードで規定されているため各種プラットフォームでの相互利用ができ、また、その幅広い選択肢も魅力のひとつだ（**図19-1**）。

　メディアプレーヤーの再生や停止など、全世界で普及しているアイコンも絵文字に含まれており、主要なプラットフォームなら難しい設定など一切なしですぐに使える（**図19-2**）。

　あなたの製品でも絵文字を視覚言語の一環として活用してはどうだろうか。

ポイント

- 絵文字は（使えないケースが皆無とは言えないものの）広く普及しており、世界中の人々に理解してもらえる
- 電子機器のユーザーなら、絵文字を見たことのない人などまずいないだろう
- 絵文字は単純でわかりやすい。したがって、文字が読めない人や識字能力の低い人にも意図が伝わる可能性が高い

36　3章　アイコンやボタン

図19-1　オランダ人起業家ピーター・レベルズは電子書籍『MAKE』で絵文字を効果的に使っている

図19-2　メディアプレーヤーのボタンも絵文字にある

019 絵文字は世界公認のアイコンセット　　37

020
特徴的なファビコンを用意せよ

　ファビコンとは、ウェブブラウザでアドレスバーやタブに表示されるアイコンのことだ。ウェブアプリを作ったはいいが、ファビコンを追加し忘れた、というのはありがちな話だが、そんなファビコンで得られるのはブランディング効果だけではない。ユーザーにとっても有用なのだ。

　中でも、タブを次から次に開くことが多いユーザー、パソコンのスタートメニューにアプリがずらりと並んでいるユーザー、スマートフォンのフォルダにアプリをぎっしり入れてあるユーザーなどは、お目当てのアプリのファビコンがひと目でわかる特徴的なものであれば、素早く見つけられる（**図20-1**）。

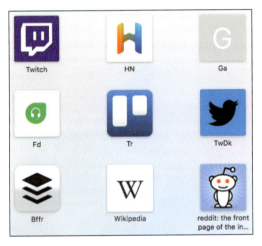

図20-1　ファビコンの例

　通常、鮮やかな色やデザインの絵柄や文字で構成すれば十分だが、実際に16×16ピクセルのものを用意して見栄えをテストしてみるとよい。アイコン全体が枠にぴったりはまる場合は別として、黒い縁で囲まれた白地のアイコンがタブバーに表示されてしまうのではいかにも無粋だから、背景を透明化するなどの工夫が必要だ。

　見た瞬間にあなたのアプリだとわかり、即、切り替える。そんなアイコンができ上がれ

ば、大勢のユーザーの貴重な時間を大幅に節約できる。お手柄だ！

ポイント

- ファビコンはわかりやすくて目立つものにせよ
- ユーザーから見たファビコンの用途は、タブを見分ける、「お気に入り」の中から即座に選び出す、などいろいろある
- ファビコンはもっとも小さい場合、16×16ピクセルで表示される。したがって、このサイズでのテストが欠かせない

021
いろいろに解釈できてしまうアイコンや マークは使うな

　これが「言うは易く行うは難し」であることは筆者も承知しているのだが。多くの製品で使われているにもかかわらず、誤用が少なからずあるアイコンやマークが存在する。ウェブやモバイルのアプリでよく目にするものの中から、とりあえず2つだけ例をあげてみる（ただし同様の事例はほかにも山ほどある）。

- **@** 常習犯のひとり「アットマーク」だ。コントロールに添え、そのコントロールの機能をユーザーに伝えるマークとして使われているが、肝心なその意味が、「メール」や「リンク」など、さまざまに異なる点が問題だ
- **↱** こちらも「共有」「新規ウィンドウ」「メニューの追加オプションを開く」など、いろいろな意味で使われている。このマークを上下逆さまにして「戻る」の意味をもたせた例も見かけた

そこで、この種のアイコンやマークを選ぶ際に検討してほしい点をあげておく。

- 自分のアプリやサイトでも利用可能な、同じ意味で使われているアイコンやマークはないだろうか。そういうものならユーザーにとっても馴染みが深く、デザインの手直しも不要だ
- ほかの選択肢にはない独自の意味を伝えるものだろうか。また、ユーザーの記憶に残るものだろうか
- 広く使われている既成のパターンに反する要素はないだろうか

　もう少し意識して慎重にアイコンやマークを選べば、あなたの製品のインタフェースは、ひいてはその製品のUXは、格段によくなるはずだ。

ポイント
- アイコンやマークはよく考えて慎重に選べ
- 我流のアイコンやマークは作るな。活用できる既存のものがあるはずだ
- アイコンはジョークに似ている。説明なしでわからなければダメだ

022
ボタンにはボタンらしい体裁を

　マイクロソフトのユーザーインタフェース「メトロUI」に端を発するフラットデザインは、2010年前後から急速に普及した。装飾的な要素を削ぎ落としたこの手のビジュアルは、iOSやAndroidのマテリアルデザインにおいても中心的なスタイルとなっている。

　だがフラットデザインは良くない。ユーザビリティの観点から言ったら最悪だ。本質的な内容よりも表面的な見てくれが重視され、ユーザーは何かをしようとするたびに一瞬手を止め、再確認せざるを得ない。そんな、ボタンを見つけるのも一苦労という悲惨な状況から、ユーザーを解放してあげようではないか（**図22-1**）。

図22-1　ユーザーに「さて、クリック可能なのはどれでしょう？」と迫るド派手な「メトロUI」

　言うまでもなくUIには「インタラクション可能な部分」があるものだが、それがどこなのか最初から知っているユーザーはいない。ましてやそれを知るために時間を費やしたいと思うユーザーがいるわけがない。人間誰しも実生活でエレベーターやオーブン、車などのボタンを繰り返し繰り返し使って、ボタンがどういう働きをするかを知っている（**図22-2**）。

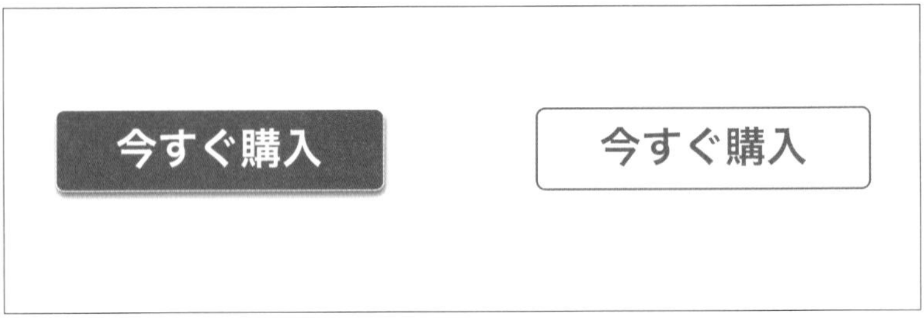

図22-2 テクスチャやシャドウなどの視覚的なシグニファイア（手がかり）のあるボタン（左）のほうが、そうしたシグニファイアのないボタン（右）よりもユーザーテストの結果は常に上だ

　実生活の例に基づいて作成したUIボタンなら馴染み深く使い方が直感的にわかる。人間の目は奥行き（立体感）を知覚するようにできているのだから、UIから奥行きの錯覚を生む要素を取り除いたりしたら、情報の層（レイヤー）をひとつ丸ごとユーザーから奪ってしまうことになる。

　実生活のボタンは、いかにも押せそうな見た目をしている。出っ張っていたり、そうでなくても押せば作動するということが明白な形で示されている。たとえばオン・オフの状態を示す小さなライトなど、何らかの手がかりがある。こうした特徴や機能をUIにももたせるべきなのだ。

　逆もまたしかりで、ボタンらしからぬボタンは実生活でも見かける。たとえば駐車場の発券機やコーヒーのカップ式自販機の静電容量センサーのタッチパネルには、よく横に「チケット（コーヒー）をお求めの方はここを押してください」などと手書きのメモが貼り付けてあったりする（**図22-3**）。

　現実世界でシグニファイア[*1]を生み出した着想を活用すれば、新来のユーザーにもボタンなどの「コントロール」の働きを直感的に理解してもらえる。ユーザーがボタンを目にした瞬間にクリック（タップ）可能だと察知してもらう視覚的手がかりを作ればよいのだ。

---

* [*1]　インタラクションの可能性を示唆するデザイン上の手がかり。「アフォーダンス」と呼ばれることもあるが、「アフォーダンス」は「対象物と人間とのインタラクションの可能性」全体を指す言葉なので少し異なる概念だ。詳しくはウィキペディアの「シグニファイア」の項などを参照。

図22-3 現実の世界でフラットデザインを導入した結果がこれだ

　最後にもう1点。これまた「逆もまたしかり」で、ボタンでない要素はボタンみたいな外見にするな。

ポイント

- ボタンはボタンらしい外見にせよ
- ボタンでない要素はボタンのような外見にするな
- 現実世界での経験から生まれたアイデアをUIにも活かせ

023
ボタンは機能ごとにまとめ、選択しやすい大きさに

1954年、米国の心理学者ポール・フィッツが「The information capacity of the human motor system in controlling the amplitude of movement（動作調節における人間の運動系の情報適応力）」と題する論文（https://www.cs.princeton.edu/courses/archive/fall08/cos436/FittsJEP1954.pdf）を『Journal of Experimental Psychology』に発表し、その中で提唱した考え方がその後「フィッツの法則」として、人の動作をモデル化する際に盛んに用いられるようになった。

この法則を、心理学の専門家ではなくUX畑の人々にわかるよう平たく言うと次のようになる。

> ターゲット領域に素早く到達するための所要時間は、「ターゲットまでの距離」が短ければ短いほど、また、「ターゲットの大きさ」が大きければ大きいほど短くなる。

これをUI作りに応用するのはいたって簡単。ボタンはユーザーが見つけやすいよう、十分大きくせよ、また、ボタンとボタンの間を難なく移動できるよう、関連するボタンは程よく近づけろ（まとめろ）ということだ（**図23-1**）。

「べからず集」に最適な悪例がある。ポップアップ広告を閉じるための「x」ボタンだ。まるで広告主が「この広告、閉じないで〜」と懇願しているような小ささではないか。

図23-1　どちらのほうが使いやすく、エラーが起きにくいか？

ポイント

- ボタンはクリック（タップ）しやすい大きさにせよ
- 相互に関連するボタンは、その関係を明確にし移動を容易にするため適度に近づけろ
- 「誤クリック」を防ぐため、ボタンとボタンの距離は適度に空けろ

024
ボタン全体をクリック可能にせよ

　私ひとりがカリカリしているだけかもしれないが、ちょくちょく出くわすので、ここで触れずにはいられない。テキストが添えてあるボタンは珍しくないものの、時にボタン全体ではなく「テキスト部分のみ」をクリック可能にしている開発者がいるのだ。マウスポインタや指先がしっかりボタンをヒットしたにもかかわらず、テキストからほんの2ピクセルずれていただけで意図したアクションが起こってくれない。

　誰しも「あれ？クリックしたと思ったんだがな〜」と首を傾げた経験はあるだろう。大抵は上であげたデザインの不備のせいだ。現実の世界のボタンを再現しようとするなら、振る舞いまで全部本物のボタンのようにしなくてはいけない。たとえばボタンが首尾よくクリック（タップ）されたことを示すフィードバックを返す、というのもそのひとつだ。具体的には、ボタンの色が変わる、1ピクセル分ほど沈み込む、かすかな音がする、など。

　デスクトップアプリでマウスポインタをボタンの上にもっていくと「指差しポインタ」に変わるようにしたのならボーナスポイントを差し上げたい。一方でこの機能をウェブアプリでオンにしていないケースもある。そういう手抜きのプログラムは許しがたい。

ポイント

- ボタンにはボタンらしい外見と動作を与えるべきだ。ボタンのどの部分をクリックしても動作するようにせよ
- マウスポインタがボタンの上に来たら「指差しポインタ」に変わるようにせよ
- ボタンがクリックされたら、それなりの視覚的なフィードバックを返せ

4章

UI部品

025
作業ごとに最適なコントロールを選べ

　今や広範なコントロール部品やUI要素が用意され、UIデザイナーはその中から最適なものを選べば事足りる、という時代になった。にもかかわらず、フォーム入力のコントロールの選択を誤った事例が散見されるのは驚くべきことだ。

　作業ごとに最適なコントロールを選べば、UXをかなり改善できる。HTML5のフォーム関係のコントロールは、カラーピッカー、電話番号入力欄、URL入力欄（検証機能付き）など各種用意されていて、比較的最近のものならどのウェブブラウザでもサポートされている。

　ただし次にあげる例のように、「正解」が見つけにくい場合もある。

- 「はい」「いいえ」の2択にラジオボタンを2つ用意する（チェックボックスやトグルスイッチのほうがシンプルでは？）
- 選択肢が2、3個しかないのにドロップダウンメニューを用意する（ドロップダウンメニューを使うと選択肢が直接ユーザーの目に触れなくなってしまう。その点では他のどのコントロールでもドロップダウンメニューよりはましかもしれない）。「032 選択肢が2、3個しかない時にドロップダウンメニューを使うな」を参照
- 自己流の「色の選択用UI」を作ってしまう（HTMLで色の指定（<input type="color">）が広くサポートされている。これを使えばデバイスごとに最適なコントロールが使われる）

　実際にUIデザインを開始する前にほんの少し配慮するだけでユーザーの不満や苛立ちを回避できる局面はあるもので、これもそのひとつと言える。

ポイント
- 作業ごとに最適なUIコントロールを使えているか検討せよ
- もっとも広く採用されているアプローチが最適とは言えない場合もある
- 標準化されたコントロールで最適なものがあるなら自己流のコントロールなど作るな

48　4章　UI部品

026
我流のコントロールなど作るな、既存のコントロールを活用せよ

「我流のコントロール」とは、たとえば次のようなものだ。

- 車のボディーカラーを選択するための、等角投影図法で描いた疑似3Dカラーホイール
- クリックしたまま上下に移動することによって回る音量調節つまみ
- アクションを本当に実行するために、「長押し」しなければならないボタン

とにかく我流のコントロールなんて作るな。デザイナーが利用できるコントロールが既に各種用意されているのだから、その中から選べ。「新手のUIコントロールを作ってやろう」などと考えている者がいるなら、ちょっと待て。インタフェースのパターンをまたひとつ覚えなければならないユーザーの身にもなってほしい。誓ってもいい。あなたのやりたいことを実現するための方法は既に存在する。

　ただし、まれに本物の「新顔」が登場し、真の意味でUIが一歩前進する瞬間がある。たとえば2008年にソフトウェア開発者のLoren BrichterがiPhone用Twitterクライアント**Tweetie**の中で発表した「Pull-to-Refresh（下に引っ張って更新）」という斬新な方法がその好例だ。画面を引き下げて指を離すと更新が行われ、その間スピナーが表示される。この手法はその後TwitterがTweetieを買収したことでTwitterに採り入れられ、やがてiOSやAndroidのさまざまなアプリでも盛んに使われるようになった。

　我流のコントロールなど作るな。ただし目をみはるほどすばらしいものは例外だ。

ポイント

- 我流のコントロールなど作るな
- あなたが意図していることを実現するためのUI要素は、まず間違いなく既にある
- 我流の新作を押しつけられたユーザーは貴重な時間を費やして使い方を覚えさせられるはめになる。そんなことはするな

027
デバイスにもともと備わっている入力方法を利用せよ

スマートフォンやタブレットで電話をかけようとすると、電話アプリが大きなボタンのテンキーパッドを表示してくれるから、使いづらいQWERTY配列のキーボードで数字を入力したりせずに済む。

だが残念なことに、ろくでもない入力方法をユーザーに強いる製品があまりにも多い。機器にもともと備わっている入力方法を利用すれば、厄介なフォーム入力も楽になるというのに（**図27-1**）。

図27-1　使いづらいドロップダウンメニューに代わって登場したiOSのピッカーコントロール

ドロップダウンメニューの代わりに画面幅いっぱいに開くピッカーコントロールを使うべきだし、数字の入力にはテンキーを使うべきなのだ（**図27-2**）。たとえばウェブページのフォームに数字を入力する場面で、電話のテンキーが表示されるようにするには、HTMLで`<input type="tel">`を指定すればよい。ブラウザによってはテンキーが表示されない場合もあるが、遅かれ早かれ対応するだろう。

図27-2　Android用ブラウザの電話のテンキー

　システムにもともと備わっているUIコントロールは、AppleやGoogleが多大な時間と金を投じて作り上げたものだ。それを活用せず、わざわざ手間暇かけて我流のコントロールを生み出すなんて、どんな凄腕プログラマーだろうが気が知れない。百歩譲ってすばらしいコントロールが完成したとしても、ユーザーにしてみれば使い方を覚えなければならないコントロールがまたひとつ増えてしまったにすぎない。既に機器に組み込まれた完璧なやつがあるのだから、それを使え。

ポイント

- もともと備わっているUIを活用するのが成功への近道だ
- あらかじめ用意されている入力コントロールを使えば、ユーザーが使い方を覚えなければならない項目をひとつ減らせる
- モバイルだけでなくデスクトップのアプリケーションでも、あらかじめ用意されている入力コントロールを使え

028
年月日の選択用のコントロールは？

　誕生日など、ユーザーに年月日を入力してもらう場面のことを考えてみよう。

　まず「年」にはドロップダウンリストなど使うものではない。バカバカしいほど長くなってしまうし、1900年代の最初のほうまでさかのぼらなければならないお年寄りには気の毒だ。数値フィールドを用いて、ユーザーに入力してもらうほうがよい。

　「月」や「日」ならドロップダウンリストでもよいだろう。それほど長くはならないし、日本式は「年、月、日」だが米国式は「月、日、年」といった表記の違いの問題も解決できる。

　だが、一番のお勧めは<input type="date">を用いて、ブラウザに任せることだ。こうすればモバイルデバイスでは日付ピッカーが表示される。iOS、Android共通で、日付の選択が簡単にできる（**図28-1**）。

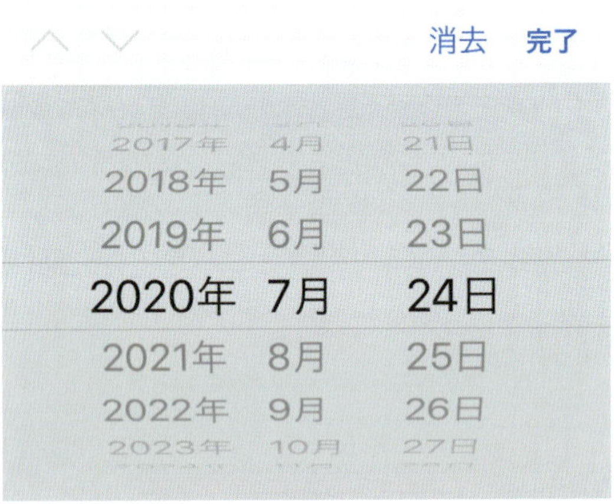

図28-1　iOSの日付ピッカー

　さらに、デスクトップ用でも多くのブラウザでも日付ピッカーが使えるようになっている。システムにもともと備わっている日付ピッカーなら、ユーザーも見慣れているから認知機能の負担増にならないし、改めて使い方を覚える必要もない（**図28-2**）。

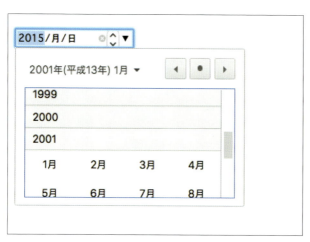

図28-2　Google Chromeの日付ピッカー（デスクトップ版）

　ここらでしっかり現実を見つめようではないか。AppleやGoogleが多大な時間と金を投じて作り上げたUIを活用するよりも、わざわざ手間暇かけて自己流のUIをゼロから作るほうが本当によいのか？

ポイント

- 「月」と「日」の選択にはドロップダウンリストを使え
- 「年」には数値入力用フィールドを使え
- 少なくともモバイルデバイスではシステムにもともと備わっている日付ピッカーを使え

029
同一製品内では日付ピッカーの UI を統一せよ

　この問題に対する批判の声は、以前に比べれば静まってきた。ブラウザやモバイルデバイスの作り手の間で、日付ピッカーのUIを同一製品内で統一する努力が重ねられてきたおかげだ。デバイスにもともと備わっている日付ピッカーを活用すれば、各デバイス用にデザインされたUIが使われ、違和感のないユーザー体験を提供できる。

　とはいえ、ツールによっては、日付や期間、比較のための第2候補期間を選択する場面で、より複雑な（あるいは、より高度な）インタフェースを要することもある。このような場合も含めて、同一製品内ではどこでも同じ日付ピッカーを使うべきだ。同一製品内の別々の場所で、同じタスクを行うにもかかわらず違うコントロールセットが表示されたりしたら、ユーザーは混乱し、コンバージョン率が下がるのが落ちだ。

　この手の不備が散見されるのが旅行サイトやホテル検索サイトだ。大抵、トップページの日付ピッカーは大きくて見やすい。初めてサイトを訪れた「一見さん」に、旅に関する検索を試してもらうためのものだ。だが検索がより詳細になり、旅行期間やフライト、レンタカー等を指定する場面になると、UIが変になってきて、これまでとは違う日付ピッカーが表示されたりする。

　どうかお願いだから同一製品内ではUIを統一してほしい。「またひとつ新しい日付ピッカーの使い方を覚えなければならない」という状況をユーザーに押しつけてはならない。覚えるって言ったって、ほんの数秒で済むことじゃないか、と思うかもしれないが、ユーザーの時間は尊重しなければ。人生、あまりにも短く、ひどいUIと格闘している暇などないのだ。

ポイント

- 同一製品内では日付ピッカーのUIを統一せよ
- システム組み込みのコントロールを活用すれば統一感を出せる
- 統一しないとユーザーが混乱し、コンバージョン率が下がる

030
スライダーは数値化できない値だけに使え

デザイナー：「お、すげー、このUIキットのスライダー、カッケー。いろんなとこで使っちゃおーぜ！」

ユーザー：（希望の値をいつまでたっても設定できず、苛立ってスマホを叩きつける）

図30-1　設定しようとしていた値は86

　携帯電話のちっぽけなタッチスクリーンを覗き込み、苦心惨憺（さんたん）スライダーを動かして、何とか値を設定しようとした経験のある人なら、上の状況はお馴染みだろう。いや、デスクトップでマウスを使う場合でも容易な操作ではない。

　そもそも厳密な数値を指定する場面でスライダーコントロールなど使うべきではないのだ。スライダーが本領を発揮するのは音量や明るさ、色の混合の具合などを調節する場面、つまり厳密な数値ではなく定性的な値を設定する時だ。

　厳密な数値を設定する際の留意点は、「031 整数だけを入力してもらいたい場面なら数値入力用フィールドを」を参照。

ポイント

- 厳密な数値を指定する場面にスライダーコントロールなど使うな
- スライダーが適するのは音量や明るさなどを調節するために定性的値を設定する場面だ
- スライダーコントロールの大きさは、ポインティングデバイスの操作性に配慮して決めろ

031
整数だけを入力してもらいたい
場面なら数値入力用フィールドを

　購入したい商品の数やイベントの開催日数など、ユーザーに整数を入力してもらいたい場面で、「2、3個」とか、絵文字の 👻 が入力できてしまうテキスト入力用フィールドを用意しても意味がない。

　数値入力用フィールドはHTMLでは次のように指定する。

```
<input type="number">
```

　表示のしかたはデバイスによって微妙に異なるが、ここが肝心な点なのだ。クライアントのデバイスのコントロールシステムを活用するようにすれば、ユーザーの入力が簡素化でき、入力エラーを減らせる。また、データベースに絵文字が収集されてしまう事態も減らせる。

　言うまでもなく、ユーザーがデスクトップでもモバイルでもフォームに数値を素早く容易に入力できるようにすることの最大の利点は、コンバージョン率のアップだ。長ったらしいフォーム、細かいことを山ほど訊いてくるフォーム、入力しにくいフォームはユーザーにそっぽを向かれる。

ポイント

- 数値を指定してもらうためのコントロールは「数値入力用フィールド」だ
- 数値入力用のコントロールは各ブラウザ（デバイス）のものに合わせろ。我流のコントロールなど作るな
- フォームへの入力作業はコンテンツに目を通す場合より手間がかかるのだから、必須入力事項は極力少なくせよ

56　4章　UI部品

032
選択肢が2、3個しかない時に
ドロップダウンメニューを使うな

ドロップダウンメニューは、クリック（タップ）すると開き、一群の選択肢を提示するUIコントロールだ。国を選択する時など項目が多い時に利用するものだ。

だがユーザーから見れば操作に手間がかかる。ドロップダウンメニューのタブなりアイコンなりをクリックして開き、希望の項目までスクロールして選択しなければならない。画面の小さなモバイルデバイスでは、デスクトップの場合よりさらに手間取る恐れがある。

選択肢が2つか3つしかない時には安直にドロップダウンメニューに飛びつくものではない。ラジオボタンやスライダーなど別種のコントロールのほうが選択肢をより良く提示できないか、検討するべきだ。

選択肢の並べ方は、無作為にはせずに、番号順、アルファベット順（50音順）など、ユーザーにとってわかりやすいものにするべきだ。あるアプリで、建物の階を選ぶのに、First, Fourth, Ground, Second, Third*1 といったように、アルファベット順に階の選択肢が並んでいたことがあったが、こんなことはするべきではない。ウソではない、そんなアプリが本当にあったのだ！

ドロップダウンメニューが長すぎる場合（たとえば相当数の国がメニューにリストアップされる場合など）は、メニューを2段階構成にしたり、「U」とタイプしたら「Ukraine, United Arab Emirates, United Kingdom...」が表示されるような絞り込みをする、といった工夫をすればユーザーの選択が簡単になる。

この点でモバイルはデスクトップの一歩先を行っている。大抵のモバイルOSで、ドロップダウンメニューでの選択には画面幅いっぱいにピッカーコントロールが開くようになっている。これなら小さなタッチスクリーンでもそれほど使いづらくはない（**図32-1**）。

---

*1　イギリス英語では、ground floor が1階、first floor が2階、second floor が3階（以下同様）を意味する。

図32-1　モバイルのピッカーUIで血液型を選択

ポイント

- ドロップダウンメニューは操作が厄介な場合もあるから、本当に必要な時だけ使え
- 長すぎるドロップダウンメニューにはメニュー項目の検索機能も添えろ
- モバイルでは専用のUIのおかげで使い勝手が良くなった。長くしすぎるのは禁物だが、それほど避ける必要もないだろう

033
選択肢は多くしすぎるな

　人間には得意不得意がある。たとえばきれいな花の絵は描けても、その花の正確な学名や属名を今ここで思い出すとなると得意ではない人が多いと思う（そういうことはコンピュータにとってはお手の物だが）。

　さて、そんな人間がリストに並ぶ項目を一度に覚えようとする時、短期的に記憶できる数は「7 ± 2」だと言われている[*1]。米国の心理学者ジョージ・ミラーが1956年に発表した論文で提唱したこの説は、その後、現在に至るまで長年にわたって修正や再評価が重ねられてきたが、ここではそうした研究の経緯は省き、「ほぼ正しい」という結論のみを紹介しておく。

　この「魔法の数7」は、覚えようとするリストの内容や背景、その時の心理状態等の環境要因によって変わりはするが、「取っかかり」としては十分有効だ。要するに、あまり項目を多くしすぎると、ユーザーにとっては記憶も扱いも難しくなる、ということなのだ（**図33-1**）。

　というわけで、たとえばユーザーにオプションのリストを見せようとする場合に覚えておくべきなのは「7番目か8番目のオプションまで読み進んだところでユーザーの短期記憶は『満タン』となり、1番目のオプションが何だったのか、多分思い出せない」という点だ。

　これはメニュー項目や商品のカテゴリーなどにも当てはまる。いずれの場合も、本書で紹介している種々のUI要素を使えば対処できる。

　ユーザーの短期記憶の負担を軽減するコツとしては「選択肢を複数のセクションに分類する」「各オプションを単純化する」などがあげられる。たとえばパワーユーザー向けの設定オプションを通常レベルでは非表示にすればオプションの数を減らせる（「073 パワーユーザー向けの設定は通常は非表示にせよ」を参照）。あなたのユーザーは（多分）人間だ。ロボットじゃあなかろう。

[*1] 　*The Magical Number Seven, Plus or Minus Two: Some Limits on our Capacity for Processing Information*, George A. Miller (1956)。https://www.ncbi.nlm.nih.gov/pubmed/13310704）

```
キッチン用品・食器              家具
寝具                          インテリア雑貨
アート・クラフト                ガーデニング
家回り・園芸                    庭用組立家具
組立家具                       ウェディング・ウィッシュリスト
電動工具                       キッチン・浴室用品
業務用ツール                    スマートホーム
照明                          DIY・工具
スマートホーム・サービス           ペット用品
おもちゃ・ゲーム                 ベビー用品
ベビー／キッズ・ファッション        ベビー・ウィッシュリスト
ジュエリー                      腕時計
バッグ                         スポーツ／アウトドア・シューズ
フィットネス                    キャンプ＆ハイキング
自転車                         スポーツテクノロジー
ウォータースポーツ               ウィンタースポーツ
ゴルフ                         ランニング
スポーツサプリメント              スポーツ・アウトドア全般
スポーツ用品（組立）              食料品
お酒・飲料                      グルメ食品・飲料
高級コスメ                      健康・美容
ダイエット＆栄養                 メンズ・セルフケア
カー用品（アクセサリー・パーツ）     カー用品（工具・機材）
カーナビ・カーエレクトロニクス       バイク用品（アクセサリー・パーツ）
産業・研究開発用品               実験用品
```

図33-1　ストアの商品カテゴリーが多すぎる悪例

ポイント

- ユーザーが一度に覚えられる項目の数は7つ程度

- 項目数が6、7個を超えてしまうようなリストは、ユーザーには扱いにくい

- 似たような項目はひとつのセクションにまとめろ

034
リンクはリンクらしい体裁にせよ

　インターネットの根幹を成す（ハイパー）リンクは、「ウェブの父」ティム・バーナーズ＝リーが1989年にHTMLを考案したことによって一気に広まった。当初のブラウザではクリック可能なリンクは「イタリックの青文字に青の下線」という書式だった。ずいぶん派手で周囲から浮いた印象があったが、まさにそこが主眼だった。ユーザーに、斬新なコンセプトであるハイパーリンクを、テキストのほかの部分とは明確に区別してもらう必要があったのだ。

　さてここで時間を早送りして現代に戻る。「青文字に青い下線」の書式はすたれ、代わりにマウスでポイントされた時（ホバー時）にだけハイライト表示する手法や、さらに悲惨なことにハイライト表示はおろか視覚系のシグニファイアは一切なしという手法までが用いられるようになった。

　この「ホバー時のハイライト表示」は理想的とは言えない。タッチデバイスにはホバー機能がない。いや、マウスを使うデスクトップのユーザーであっても、テキストのあちこちをマウスでポイントしてリンクを探さなければならず、結局リンクが見つからずじまいという事態さえあり得る（**図34-1**）。

　どんな具合に機能するのか（あるいはそもそも機能するのか否か）を確かめるためにユーザーがクリックしてみなければならないUI要素なんて信じがたい。「中身より見てくれ」の典型例だ。コントロールの使い方が不明になるほどシグニファイアを削ぎ落とすことが「ミニマリズム」だと考えているのなら大間違いだ。私ならマーケティングの連中の言葉になんて耳を貸さない。リンクなら下線を引くべきだ。

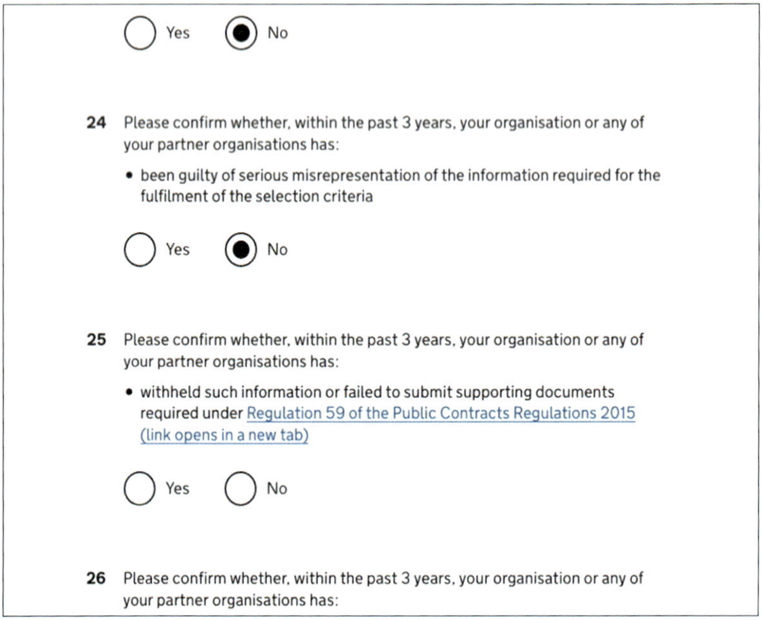

Yes ● No

24 Please confirm whether, within the past 3 years, your organisation or any of your partner organisations has:

- been guilty of serious misrepresentation of the information required for the fulfilment of the selection criteria

Yes ● No

25 Please confirm whether, within the past 3 years, your organisation or any of your partner organisations has:

- withheld such information or failed to submit supporting documents required under Regulation 59 of the Public Contracts Regulations 2015 (link opens in a new tab)

Yes No

26 Please confirm whether, within the past 3 years, your organisation or any of your partner organisations has:

図34-1　明確なリンクとラジオボタンを配した英国政府のウェブサイト

ポイント

- リンクには視覚的シグニファイアを与えてリンクらしい体裁にせよ
- リンクでもない箇所をリンクのように見せるな
- クリック可能なUI要素をユーザーに探させるなんて言語道断だ

62　4章　UI部品

035
タップ可能な領域は指先サイズに

　タッチスクリーンデバイスでの実装を構想中なら、ユーザー自身の指がポインティングデバイスのひとつとなる。ごく明白なことなのに、さて実際に使われているタッチインタフェースのUIコントロールを見てみると、驚くべきことに、小さすぎて指ではタップしにくいものが多い。

　スマホ画面の寸法の大まかな目安は「横が指を5本、縦が10本並べた程度」だ。つまりこれがスマホ画面で楽に操作できるUIコントロールの数とサイズの上限、と考えてよい。たとえば画面にコントロールを6つ以上横並びさせたりしたら、小さくなりすぎて扱いにくくなる、といった具合だ。

　そんなわけで、コントロールの適度なサイズを見極めるためには実験が必要になるが、デバイスにもともと備わっているコントロール要素を使えば（「027 デバイスにもともと備わっている入力方法を利用せよ」を参照）、どれも実験済みで、程よいサイズのものばかりだ（**図35-1**）。

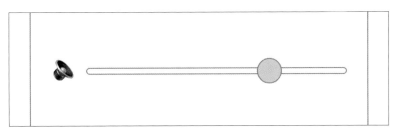

図35-1　コントロールは人が指で楽に操作できるサイズに

　コントロールは自分で作る、という向きには、「人の指のサイズを目安にせよ」とアドバイスしておこう。1〜2ピクセル四方なんてちっぽけなコントロールは、ただもう無意味に扱いにくく、ユーザーを恐ろしくイライラさせるだけだ。

　ちなみに、タッチインタフェースでは要素同士の間隔を程よく取ることも大切だ。ボタンとボタンの間を適度に空けることで誤タッチを予防できる。何ピクセルに当たるかはディスプレイによって異なるが、この間隔の目安は「2mm」だ。

ポイント

- タッチインタフェースをデザインする際は、人の指のサイズを物差しとせよ
- タッチスクリーン用のUIコントロールは小さくしすぎず、ユーザーが楽に扱えるサイズにせよ
- 誤タップを予防するため、コントロール要素の間隔は適度に空けろ

5章

フォーム

036
検索はシンプルなテキストフィールドと検索ボタンの形式に

検索に関しては、長年の間に「デザイン過多」の傾向が強まった。その意味で「べからず集」(アンチパターン)に載せたい、ありがちな事例のひとつが、「検索フィールド表示用のアイコン」だけを見せるという手法だ。検索フィールドの分だけ省スペースにはなるが、ユーザーにしてみればお馴染みの方法が使えない上に、検索の手順が1ステップ増えてしまう。

アプリやサイトで検索機能を用意するなら「テキストフィールドと検索ボタン」の形式にするべきだ。アイコンを使うなら虫眼鏡のアイコンにせよ。これが「定番」であり、これ以外のものを使ってもユーザーの理解は得られない（**図36-1**）。

図36-1　検索用コントロールの定番

携帯画面は狭いから検索フィールドを常に表示するのは至難の業かもしれないが、できるだけ工夫してみてほしい。たとえば最上部に検索フィールドを表示するというのも有効な手だろう（**図36-2**）。

最後にもう1点。モバイルアプリでは、ユーザーが「検索」タブをタップすると「検索ビューが現れて、カーソルが検索フィールドに入るとともに、入力用キーボードも現れる」という具合にするとよい。

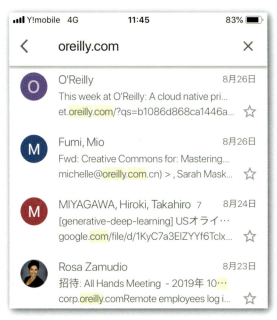

図36-2　リストビューの最上部に置いた検索フィールド。画面を引き下げた時にだけ現れる

ポイント
- 「テキストフィールドと検索ボタン」の形式こそが検索用コントロールの定番だ
- 検索のアイコンにはもちろん「虫眼鏡」を使え
- モバイルアプリでユーザーが「検索」タブをタップしたら、検索フィールドにフォーカスを移動せよ

037
複数行になりそうな入力欄は状況に合わせてサイズを調節せよ

　フォームが使いにくいとユーザーが離脱しやすい。だからフォームは極力スムーズに手早く入力できるようにしなければならない。

　ただ、入力内容は（たとえば姓名のように）ごく単純なものばかりとは限らない。回答が長くなりそうなら複数行から成る入力欄（テキストエリア）を用意する必要があるが、この欄が極端に広かったり狭かったりするアプリやサイトが少なくない。

　広すぎると入力欄が表示領域に収まらず、ユーザーはタイプしながら画面を上下や左右に移動させなければならない。貴重な画面スペースの無駄遣いだ（**図37-1**）。

図37-1　見込まれるテキストの量をはるかに上回る広すぎる入力欄

　逆にテキストエリアが狭すぎると、ユーザーは入力内容を確認する際、枠内でのスクロールを強いられる（**図37-2**）。

図37-2　長文を入力してもらうにもかかわらず、あり得ないほど狭い入力欄

　というわけで、それぞれの入力欄について、典型的な回答はどの程度の長さになりそうか、じっくり検討した上でサイズを決めてほしい。これは、実際にUIをデザインする前にほんの少しUXに配慮するだけで、大多数のユーザーの体験をいかに大幅に改善できるかを物語る典型例だ。

　このあともフォーム入力に関連する（あなたの人生を変えてしまうかもしれない）ルールをいくつか紹介している。続けて読んでほしい。

ポイント
- 入力欄のサイズは入力内容に応じて決めろ
- すべての入力欄のサイズを一律に決めたりせず、ユースケースごとに調整せよ
- こういったことをデザインの初期段階で検討せよ

038
フォーム入力は極力容易にせよ

フォームのないソフトウェア製品など、ないと言っても過言ではない。しかも多くの場合、このページが激しい苛立ちや不満のもとになっている。だからスムーズに入力できるよう改善すれば、ユーザーは喜び、コンバージョン率も上がるはずだ。

フォーム入力が好きな奴なんていないだろう。それでなくても手間取る上に、入力しづらい場合が多い（**図38-1**）。だから入力のプロセスを効率化、最適化して、ユーザーを楽にしてあげようではないか。

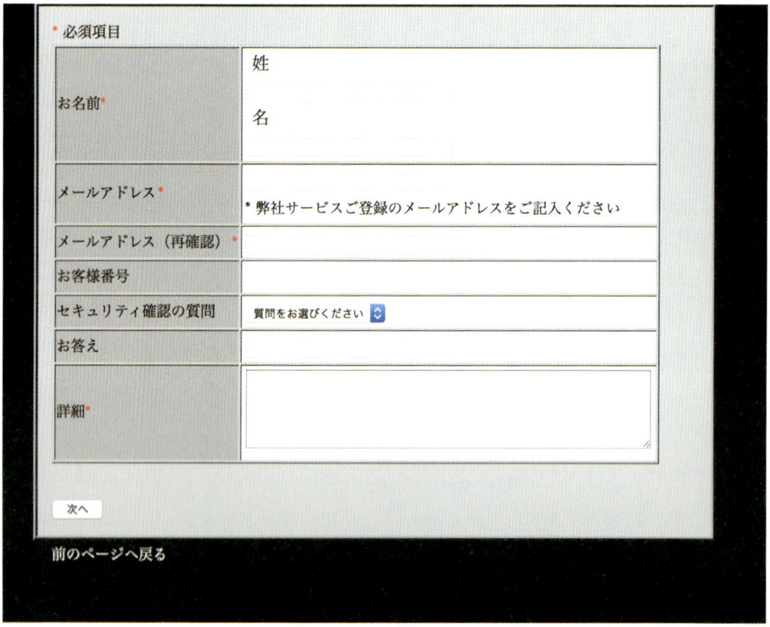

図38-1 システムが既に取得しているはずの情報まで要求するサポート依頼フォーム

フォームにまつわる鉄則は「不要な情報まで要求するな」だ。だがエントリーフォームで次のような情報を要求するサイトが実に多い。

70　5章　フォーム

- 名
- 姓
- ミドルネームのイニシャル
- メールアドレス
- 肩書き
- 勤務先
- 住所
- 郵便番号
- 電話番号（自宅）
- 電話番号（携帯）
- 電話番号（勤務先）
- パスワード（しかもわかりにくくて複雑な決まりがあったりする）
- パスワード（「確認のためにもう一度ご入力ください」）

この段階で既にユーザーは「こんなサイト（アプリ）、登録するのやめちゃおうかな」と思っている。こんなに多くの情報はいらないはずだ。エンジニアがサポートのためにデータベースにユーザーデータ記録用のテーブルを用意しようが、マーケティングから「顧客分析やダイレクトメールの発送に必要だ」と言われようが、とにかくユーザーが喜ばないのだから、やめろ。

理想的なのは、次の2つの情報だけで登録できるアプリやサイトだ。

- メールアドレスか携帯電話番号
- パスワード（入力は一度だけ。ただし入力ミスに備えてリセット機能を用意）

本当に必要な場合に限り、次の2つは要求してもよいかもしれない。

- 氏名（間にスペースを空けて姓、名、それにミドルネームを入力できるようにする）。必須項目ではなくオプション項目とする
- 郵便番号と住所。だが、顧客に商品を送る場合は別として、一体全体なんで住所なんか訊くのか。ユーザー中心じゃなく企業中心のデザインだ

038 フォーム入力は極力容易にせよ　71

コンバージョン率を限りなくゼロに近づけたいなら、大量の個人情報を要求するフォームを作れ。それだけの情報がどうしても必要なら、その理由と用途をきちんと説明せよ。それができていないアプリやサイトが多すぎる。これを機に、ユーザーの喜ぶフォームを備えた、ユーザーから愛される製品に改善しようではないか。

ポイント

- 不要な情報まで要求するな
- どうしても必要な情報なら、それを入力してもらう理由と、その用途をきちんと説明せよ
- フォームの入力項目をひとつ増やすたびにコンバージョン率が下がると思え

039
フォームへの入力データは極力その場で検証せよ

　フォームの検証とは、ユーザーが手間暇かけて入力した情報の一部に問題があることを伝える視覚的フィードバックを返す処理のことだ。ユーザーが入力欄にタイプしたデータは極力その場で（つまりユーザーが次の入力欄へ移ったことで直前の欄の入力が完了したとわかった瞬間に）検証するべきだ。

　クライアント側での検証が技術的に不可能な場合もあるが、入力エラーがあるとサーバーとの間を行き来するやり取りがまだるっこしいから、あくまでもクライアント側での検証を目指すべきだ（**図39-1**）。

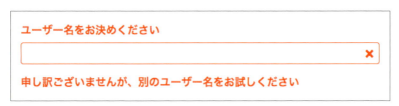

図39-1　フォームの送信前に再入力を促せ

　それを実現するために、種々のプログラミング言語やフレームワーク用の各種検証ライブラリを使うのもひとつの方法だ。古き悪しき時代には、送信ボタンをクリックした後に、まるで学校の宿題みたいにエラー箇所を赤字で示したフォームが、ユーザーに突き返されてきたものだ。

　だが今では（電話番号なのに数字が少なすぎる、など）要修正箇所を、その修正方法とともにユーザーに送信前に示すことも不可能ではなくなったはずだ。

　同様のことが、日付ピッカーのように比較的新しい入力方法についても言える。たとえば「ホテルのチェックアウトはチェックイン後でなければできない」といった条件を日付ピッカーのプログラムに教えるためのロジックをあらかじめ組み込むべきなのだ。ユーザーが犯しがちなミスを事前に回避する効果の大きい、それでいて単純なロジックだ。

　ただし、ユーザーが入力ミスをしたからといって、既に入力してあるデータを削除するようなことは絶対にしてはならない（「049 ユーザーが入力したデータは指示されない限り絶対に消すな」を参照）。

ポイント

- 入力エラーは極力その場でユーザーに知らせろ
- 知らせるのはユーザーがフォームを送信するより前だ
- フォームを送信しなければ検証できないケースもないわけではないが、あくまで送信前の検証を目指せ

040
フォームを検証したら要修正箇所を明示せよ

　前項（「039 フォームへの入力データは極力その場で検証せよ」）の趣旨は飲み込めたが、クライアント側での認証はどうしても無理、サーバー側での認証以外に手がない、というケースもあり得る。そのような場面で、入力ミスをしたユーザーに要修正箇所を教えもせず、ただ「入力エラーがありました」といった掴みどころのないメッセージを添えただけの入力フォームへ戻らせる、なんてことは絶対にしてはならない。

　ユーザーは多分複数のデータを入力しただろうし、サーバー側での認証で引っかかって戻されてきたフォームはしばらく前に入力したものだから、ユーザーはその際の経緯を改めて振り返ってみなければならないだろう。結局「エラー箇所を探してフォームを最初から最後までたどり直すハメになった」というのが、ここで考えられる最悪のシナリオだ。

　そんな悲惨な事態を防ぐために、要修正箇所をハイライトしてあげよう。ユーザーがタイプしたメールアドレスの末尾がgmail.con になっていたら、「もしかしてgmail.comですか？修正してください」といったメッセージを表示するなど、ありがちなエラーを修正する策も講じよう（**図40-1**）。

図40-1　要修正箇所を明示せよ

　提出したのとまったく同じフォームを見せつけて、まるで間違い探しみたいにユーザー自身に要修正箇所を探させるなんて、この世で最悪のゲームとしか言えない。

040 フォームを検証したら要修正箇所を明示せよ　75

ポイント

- サーバー側での認証ではユーザーにフィードバックが届くまでに時間がかかるので、ユーザーに改めて入力の経緯を思い出してもらうための手助けが必要だ
- 要修正箇所を明示せよ
- 「入力エラーがありました」のような漠然としたメッセージは添えるな

041
ユーザーの入力データの形式に
関しては「太っ腹」で

　フォームがらみのUXにも、より広範なUXにも通用するルールを一言で言えば「太っ腹で行くべし」だ。

　ユーザーはずいぶん奇妙（もしくは予測不能）なことをする、と思える場面は多々あるが、実はそれなりにもっともな理由があったりする。その事例をあげてみよう。

- éなど「アクサン」付きの文字や「'」など特殊な文字や記号が名前に含まれているため、入力を受け付けてもらえない
- 特定の国や地域の電話番号に関するルールに限定したため、そのルールから外れる国や地域の番号がはじかれてしまう
- クレジットカード番号を入力する際にスペースを入れるユーザーと入れないユーザーがいる現状に配慮できていない
- 名前に絵文字を含めるユーザーに配慮できていない（本当にこういうユーザーがいるのだ）

　あなたのチームのプログラマーが電話番号の入力欄の数字の数を固定したコードを書いてしまったからといって、そのヘンテコなルールをユーザーに押しつけてよいわけがない。

　ソフトウェアは「太っ腹」であるべきなのだ。姓のあとに名が2つ以上続こうと、姓や名に「-」や「'」があろうと、受け付けてしかるべきだし、「任意」の欄は容易にスキップできるべきだし、「-」が入った電話番号や、内線番号があとに続く電話番号も入力できるようでないといけないし、郵便番号は間に「-」やスペースを入れても入れなくても（それ以外のどんな奇抜な方法でも）入力できるようでなければならない。

　多分こうした要件の中には、技術的難題となって開発者の肩にのしかかるものもあるだろう。だがそうした難題も解決して当然だ。我々の製品は開発チームの便宜を図るためにあるのではなく、ユーザーの役に立つべきものなのだから。

ポイント

- ユーザーのデータの入力方法には柔軟性をもたせろ
- あえて技術的難題を引き受けてでもユーザーの負担解消を優先せよ
- 「ユーザーは予測不可能なことをするもの」という前提に立て

042
郵便番号や住所の入力を容易に

　郵便番号は国や地域によって大きく異なる。予断や決めつけは禁物だ。テキスト入力欄を用意して、ユーザーにタイプしてもらうのがよい。認証が必要なら、あとでサーバー側で実行する。国や地域を無視して特定の書式を押しつけたりすれば、でたらめな郵便番号がデータベースにたまるだけだ。

　最近見かける中で、なかなか気が利いていると思うのが「郵便番号（の一部）を入力するだけで可能性のある住所の選択肢を表示してくれるから、ユーザーは住所の大部分の入力を省略できる」という機能だ（**図42-1**）。これなら言うまでもなくユーザーのキー操作もクリック回数も減らせるし、入力欄には検証済みのデータが自動入力されるからエラー発生率も下がる。

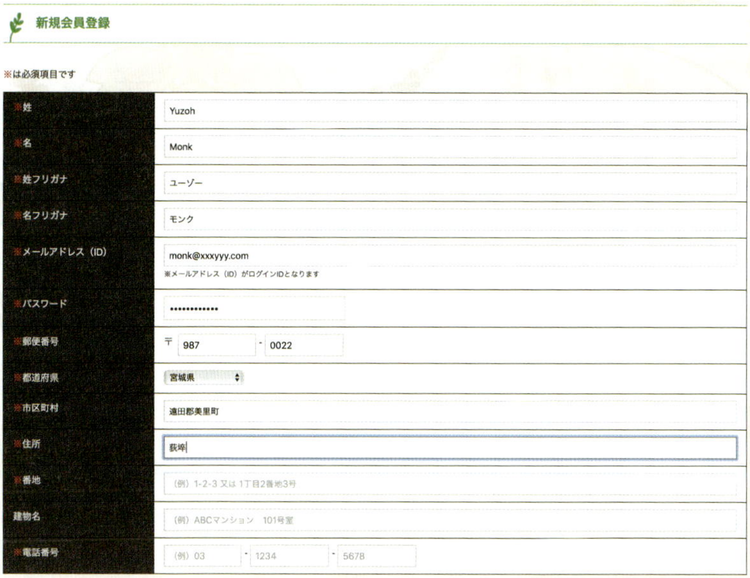

図42-1　郵便番号を入れると住所の大部分が自動入力される（霜鳥研究所のページ）

042 郵便番号や住所の入力を容易に　79

ウェブアプリなら、HTMLで次のように<input>タグのautocomplete属性を指定すれば、該当する欄への自動入力を提案してくれる（ブラウザが対応しており、かつユーザーが自動入力機能をオンにしてあればという条件付きではあるが）。

```
<input autocomplete="shipping postal-code">
```

AndroidやiOSのブラウザでも有効で、たとえばiOSでは「連絡先を自動入力」を1回タップするだけで連絡先情報を一度に入力できる（**図42-2**）。

図42-2　タップ1回で連絡先情報が自動入力できる

ちなみに、フォームの一番最後に「国コード」の入力欄が置かれていることがあるが、「ユーザーが必要な個人情報をすべて入力し終えて、最後に国コードを選んだとたん、フォームの入力欄が一変し、たった今入力したばかりのデータが全部消されてしまった」といった事態は絶対にあってはならない。

ポイント

- フォームへの入力はユーザーにとっては「厄介事」以外の何物でもない。だから郵便番号はどんな書式でも受け付けて、認証はあとでやれ
- できるだけ、郵便番号（の一部）を入力するだけで可能性のある住所の選択肢を表示する機能を用意せよ
- `<input>`タグの`autocomplete`属性を指定せよ

043
電話番号の書式は柔軟に

電話番号のユーザー入力は極力スムーズにできるようでなければいけない。その場で認証しようとしたり、途中にスペース（空白）を入れて区切らせたり、括弧を使わせたり、と勝手な「ルール」をユーザーに押しつけるケースが散見されるが、こんなことをしてはいけない。押しつけられた側がどんな風に感じるか。たとえば別の国の携帯電話番号の書式しか受け付けないフォームに自国の電話番号を入力しようとした経験のある人ならわかるはずだ。

なぜこんな柔軟性に欠けるデザインになったのか。それは電話番号をペンで記入していた時代の紙の書類を下敷きにしたせいだと思う。ペーパーレスを目指す新時代のウェブアプリ開発を命じられたデザイナーたちが、紙の書類を必要以上に忠実に再現したばかりに、ユーザーが悲惨なUXを押しつけられるハメになったのだ。

ここらでちょっと立ち止まって、そもそも大半のユーザー登録フォームでは電話番号を入力してもらう必要すらないのでは、というところから考えてみてほしい。私は電話なんか絶対使いたくない。スマホアプリの中でも一番嫌いなのが電話アプリだ（何度も削除しようとしてきたが、どうしてもそうさせてもらえない）。そんな私だが、ぜひとも電話番号を入力してもらわなければならないケースもある、という点は認めざるを得ない。

電話番号が本当に必要なら、HTMLの `<input type="tel">` を使おう。こうしておけば、最近のスマートフォンなら入力欄をタップするとテンキーが表示される（**図43-1**）。さらに `autocomplete` を指定しておけば、ユーザーが自動入力機能をオンしてあればという条件付きだが、タップ一度で入力が完了する。

電話番号の認証はサーバー側でやり、ユーザーにはただ番号を入力してもらうだけ、というのが賢い処理法と言えるだろう。

ポイント
- UIで電話番号の検証はしないほうがよい。ユーザーには、単に電話番号を入力してもらおう
- モバイルデバイスでの入力には電話のテンキーを表示せよ

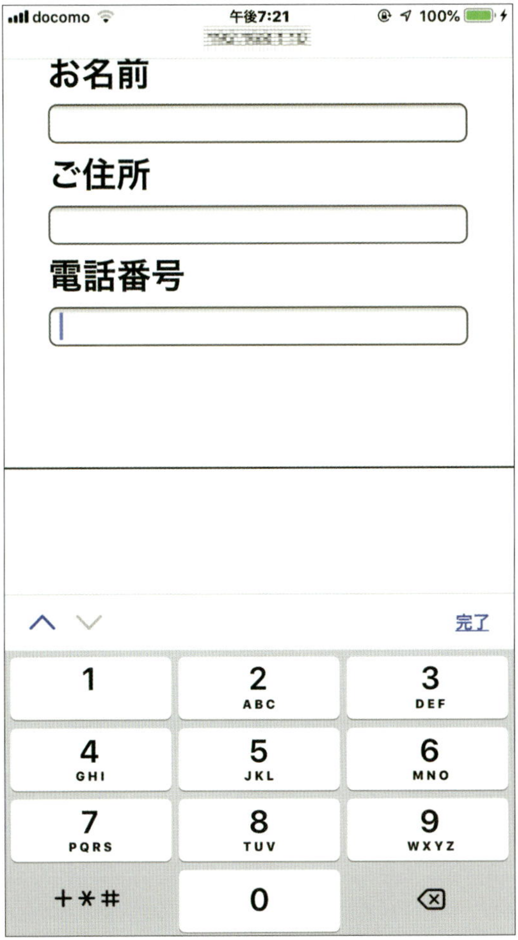

図43-1 電話番号入力欄に数字を入力するためのテンキーが表示されたところ

043 電話番号の書式は柔軟に　83

044
メールアドレスの細かな検証は不要

　読者の中に「ユーザーが入力するメールアドレスを検証するコードを書かなくちゃ。めちゃくちゃなアドレスじゃなくて、正しいフォーマットのアドレスになってるか、タイプミスはないか、チェックしてあげなくちゃ」などと考えている人がいたら、ちょっと立ち止まって、よく考えてみてほしい。

　メールアドレスの検証は、以前はクライアント側でごく簡単にできた。フォーマットが次のようになっているかを確認するJavaScriptの短いコードを加えればそれで済んだのだ。

    user@domain.tld

　メールアドレスがこのフォーマットになっていなければ認証されず、登録やアクセスができなかった。当初はトップレベルドメイン（TLD：top-level domain）が数種類しかなかったから、これでも効果的だったのだ。だが今やTLDが1,000種類を超え、まだまだ追加され続けている。そして中には次のようなものまである。

    stealthy+user@example.ninja
    holidays@🏖.ws
    email@www.co
    website@email.website

　いずれも有効なアドレスだが[*1]、前述のとおりTLDのリストは膨らみ続けているから、「それでもやっぱりJavaScriptでメアド検証のための命令を書く！」という向きには「ご幸運を祈る」と申し上げるほかない。エッジケースも少なくないのだ。

　アドレスの細かな検証に伴うリスクとしては「れっきとしたユーザーなのにほんのわずかな手違いで登録やアクセスができなくなる恐れがあること」があげられる。これがひどい苛立ちを誘ったり、ユーザーの喪失につながったりしかねない。

　というわけで、HTMLで`<input type="email">`と指定して、メールアドレス

[*1]　ただし本当に使われているアドレスだといけないから、メールを送信してみたりしないこと。

84　5章　フォーム

を入力する欄であることを示すだけで、あとはブラウザやデバイスに任せればよい
（autocompleteも指定しておけば自動入力してくれる場合もあるだろう）。その上で、
サーバー側での検証のために、ワンクリックするだけで済むURLをメールで送信するよう
にすれば、なおよい。

ポイント

- クライアント側でのメールアドレスの検証は不要
- メールアドレスの入力欄であることはブラウザやデバイスに伝えろ
- サーバー側での検証のため、ワンクリックのリンクをメールで送れ

045
注文と支払いのページは極力使いやすくせよ

商品代金の支払い方法はいろいろあるが、その違いに関係なく、ユーザーに支払いのための詳細情報の入力や変更を求めなければならない場面はかなり頻繁にある。

そしてそのためのやり取りのユーザビリティが最高とは言いがたいケースが少なくない。クレジットカード情報の入力フォームが複雑だったり、長ったらしい注文フォームを使って不要な情報まで要求したり、料金プランの詳細がはっきりしなかったりするのだ。いずれにしてもそのアプリやサイトにとって絶好の機会を逃していることに変わりはない。

ただ、この問題はモバイルアプリでは既にある程度解決されている。iOSでもAndroidでもアプリ内課金やサブスクリプションを広くサポートしているから、ユーザーの側では支払いの詳細を保存済みでワンタップでの購入が可能、というケースが多いのだ（**図45-1**）。

だがウェブアプリケーションとなると状況はガラリと変わる。eコマースのショップ作成プラットフォームShopifyのような人気のオンラインサービスのおかげで注文・支払い手続きがある程度は標準化されたものの、相変わらずいやに複雑でわかりにくいアプリが多い。

まず、価格設定のページ。ユーザーから見て、各種プラン、サブスクリプション、セット商品がわかりにくいページが多い。それも、そもそもそのサイトに価格設定ページが存在するなら、という前提に立っての話なのだ。こうした価格設定ページにもUXの一般原則を（たとえば次のような形で）応用してほしい。

- 特徴や利点のリストが長すぎると、ユーザーには飲み込みにくくなるから、簡潔明瞭に整理せよ
- 「購入」ボタンは視覚的シグニファイアを付けて一目瞭然にせよ
- ユーザーにとって耳慣れない我流の価格構成なんてやめろ。ユーザーはあなたの商品だけでなく、他の商品にも時間を割くのだから、ユーザーが日頃馴染んでいる価格構成を提示するべきだ

86   5章　フォーム

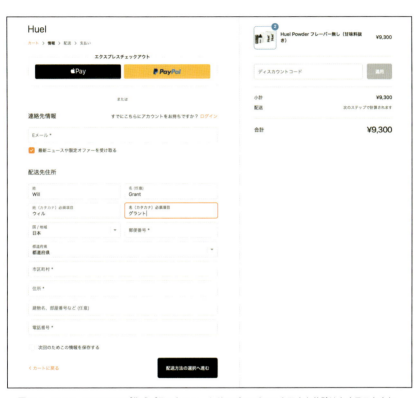

図45-1 eコマースのショップ作成プラットフォームShopifyのチェックアウト体験はよくテストされていて、ほぼ完璧だ[*1]

[*1] Shopifyには日本語版サイトもあるが、2019年10月現在、一部翻訳されていない部分がある。

基本的には、本書の他の項で紹介したルール全般を価格設定ページにも応用すればよい。

　次は注文フォーム。あくまでも簡素にし、不要な情報は要求せず、商品注文についての裁量権はユーザーに委ねる（数量の変更など、注文の詳細をユーザー自身が微調整する機能を用意する）。

　最後は支払いフォーム。わかりやすくて入力しやすいものにしなければならない（「046 決済時の情報入力は必要最低限に絞れ」などを参照）。価格構成を把握し、製品（サービス）を注文し、料金を支払うというユーザーフローは、あなたのサイトが業界で生き残る上で必須の最重要機能のひとつと見なすべきだ。

　ユーザーはあなたの製品（サービス）が気に入ったからこそ、喜んでその代金を支払おうとしてくれている。だからその手続きは極力容易にするべきだし、このフローは定期的にテストする必要がある。

ポイント

- 注文と支払いのページは極力使いやすくせよ
- 価格設定ページは非表示になどせず、簡潔明瞭にせよ
- 支払いのフローは定期的にテストせよ

046
決済時の情報入力は必要最低限に絞れ

「ユーザーにお金を払ってもらうこと」が最終目標であるサイトやアプリは少なくない。払ってもらえたら、それは「ユーザーが汗水たらして稼いだ大事なお金を喜んで払ってくれるほどすばらしいものを作る（提供する）ことに成功した」証拠だ。おめでたい出来事なのである。にもかかわらず支払いの手続きが大変すぎるサイトやアプリが多い。なぜなのか。

それでなくても数字がずらりと並ぶクレジットカード番号はユーザーにとっては扱いにくいデータなのだから、それを入力する作業は極力容易にするべきで、たとえば次のようなコツがある。

- 収集するのは必要最低限の情報（たとえばカード番号、有効期限、セキュリティコード）だけにせよ
- 番号はすべてを単独の入力欄にタイプしてもらう形を取り、入力していく過程で数字が自動的に（間にひとつ空白を置きながら）4つずつ区切られて表示されるようにせよ。こうすればユーザーはタイプミスをしても気づきやすいし、フィールドを移動してタイプする必要もない
- ユーザーがスペースバーを押したら、その空白は自動的に削除されるようにせよ
- セキュリティコードはカード会社によって記載箇所や名称が異なるから、それについての説明文も表示せよ。セキュリティコードが何なのか、どこにあるのかが分からず離脱、なんて形で顧客を失うのは実にもったいないことだ（**図46-1**）

カードによっては、ほかにも有効期間の開始日、発行番号、郵便番号といった情報が記載されていることがあるが、不要な情報は一切収集するな。ユーザーにしてみれば、フォームの入力欄がひとつ増えるごとに、探し出して入力しなければならない情報と、行き詰まる可能性とが増え、結局はうんざりしてやる気をなくし離脱するリスクが増すことになる。

図46-1　オンライン決済プラットフォームStripeのチェックアウト機能を使った決済ページ。最小限の情報を入力するだけで購入できる

また、カード情報は必ずHTTPS（保護された通信）で収集せよ。セキュリティが保護されていないページで個人情報を入力しようとするとブラウザから警告が発せられてしまう。HTTPSの設定や証明書の入手・更新を無料で可能にしてくれる「Let's Encrypt（https://letsencrypt.org）」などのサービスを利用するとよい。

ポイント
- 決済時の情報入力は必要最低限に絞れ
- ユーザーが入力する情報の書式に関しては「太っ腹」で行こう。ユーザーがうっかりスペースバーを押したとしても、その空白は自動的に削除されるようにし、ユーザーがタイプする数字はそのつど表示して確認できるようにせよ
- クレジットカードやデビットカードの情報は必ずHTTPSで収集せよ

047
金額入力欄における小数点以下の位の自動追加はやめろ

これも「あくまでシンプルに」が最善の選択肢であることを物語る事例のひとつだ。送金額を入力する、チップの額を追加するなど、ユーザーが金額入力欄に数字をタイプする際、端数のある場合（$10.97など）とない場合（¥1,500など）がある。

この時、ご親切にも小数点以下の位や「.00」を自動追加してくれるアプリやサイトがあるが、これがエラーにつながりやすい。「eBayのオークションで（下着の）パンツに最高額 $10.00 で入札したつもりだったのに $1,000 での入札になってしまった」といったエラーだ。

だから小数点以下はユーザー自身がタイプ入力できるようにしておいて、その部分に入力がなければ「.00」だと解釈せよ。

Note プロの助言：ユーザーが入力を完了したら、必ずその金額をユーザーに返し、「確認」ボタンをクリック（タップ）するか、戻って編集するかしてもらえ。

ポイント

- ユーザーが入力した金額に小数点以下の位を自動追加する機能はエラーにつながりやすいから使うな
- ユーザーが望むなら小数点以下の金額も入力可能としておき、その部分に入力がなければ「.00」だと解釈せよ
- ユーザーには入力金額を必ず見せて確認してもらえ

048
画像の追加を容易に

　ウェブアプリケーションでもモバイルアプリケーションでも、ユーザーに画像のアップデートを求める場面は多い。その実装方法は千差万別だが、以下ではユーザーに画像ファイル形式での入力を求める際のコツをいくつか紹介する。

- ファイルの選択や写真撮影に関わる設定はユーザーに任せろ。そうすれば、とくにスマートフォンやタブレットでは、あなたのアプリよりすぐれたシステム内蔵の画像選択機能が使われる可能性が高いから、ユーザーの好みに合った選択ができる
- ユーザーに複数の画像をアップロードしてもらう必要があるかどうかも検討せよ。「必要あり」なら、一括して一度にできるようにせよ
- 画像のプレビューには「切り取り」や「回転」のコントロールも用意せよ。わざわざ別のツールを起動しなくても、プレビュー画面で2、3回クリックするだけで切り取りや回転ができれば非常に便利だ
- 画像ファイル形式は各種使用可能にせよ（少なくともJPEG、PNG、GIFは必須だ）
- 画像のアップロードには時間がかかる場合もあるから、アップロード中であることと、その進捗状況をユーザーに明示せよ
- アバター画像に関しては、Gravatarなど外部サービスを利用するという選択肢もある。画像追加の必要性を感じない（画像を追加したくない）ユーザーもいる。結局のところ、究極のインタフェースは「ノー・インタフェース」なのだ

ポイント

- デバイスに画像の取り込み機能が備わっている場合にはそれを活用せよ
- 複数画像のアップロードが必要なら、それを一度にできるようにせよ
- 画像アップロードの進捗状況を常にユーザーに明示せよ

049
ユーザーが入力したデータは指示されない限り絶対に消すな

　あなたの製品を使ってくれている根気強いユーザーが、フォームの入力欄をひとつひとつ苦労しながら埋めていく。それも大抵はモバイルデバイスのちっぽけな画面に表示された、細かくて扱いにくいキーボードを使ってのことだ。だからそんなユーザーの入力データは、ユーザーが（「キャンセル」ボタンをタップするなどして）その作業を放棄する意図を明示しない限り、絶対に消してはならない。何かをクリックしたことで、そのページが再表示される時には、そうした入力データが消えてしまうこともあり得る。そういう事態まで見越して入力データが必ず事前に保存されるようにするべきだ。

　これは技術的な現実とUXとがクロスする興味深い例だ。「白紙の状態のフォームを取って来い」とブラウザに命じているのだから、もしブラウザが口をきけるなら「フォームを再表示したら、すべての入力データを削除するべきである」と主張するだろう。だが我々はロボットではない。人間だ。人間にとって優れたユーザー体験を生み出そうとする際にモノを言うのは共感と敬意だ。ユーザーが費やした時間と労力を尊重し、ユーザーがやろうとしている作業を共感をもって理解しなければならない。せっかくユーザーが苦労して入力したデータを全部削除してしまった形でフォームを再表示するなんて、開発者がなし得る中で最悪にダサい行為であり、これほどユーザーの怒りを誘うものはない。

ポイント

- ユーザーが入力したデータは明確に指示されない限り絶対に消すな
- ユーザーが費やした時間に敬意を払え
- ユーザーの身になって「これだけのことをもう一度入力したいか？」と自問してみろ

050
ユーザーが使おうとしている最中に動いてしまうUIなんて最悪だ

　ユーザーがコントロールをタップ（クリック）しようとしているまさにその瞬間、意図的にUIを動かすなんて、異常としか言えない。予想外の場所をタップしてしまった哀れなユーザーは、予想外の展開に「あれれ？」と首を傾げるハメになる。

　UIアニメーションをサイトに採り入れるデザイナーが増えたきっかけは、1990年代から2000年代始めにかけてFlash Playerが普及したことだが、単にUIアニメーションが使えるから使っているだけの、成功とは言いがたい応用例がほとんどだ。意図しない要因でUI要素が動いてしまうことが残念ながら確かにあって、ユーザーの不満やイライラはいつまでも解消されない。

　読者諸氏にも身に覚えがあるのでは？　サイトを読み込んでいる最中に、通信速度の遅い別のサーバーから広告が配信されてくる。おかげで読み込み中のページの要素が脇へ押しやられ、お門違いの所をタップ（クリック）してしまう。

　この問題を解消するには、まずテストをしてどんな具合に読み込まれるのかを確認し、その上で必要ならば「プレースホルダ」を使い、読み込みの遅い要素をあとで挿入するための場所をとりあえず確保しておけばよい。

　ほかにも、モバイルアプリで、あるコントロールをタップしようとしたその瞬間、何かの通知が表示され、間違ってタップしてしまったために意図せぬ別のアプリへ連れて行かれた、という経験もあるだろう。いわゆる「マイクロアニメーション」は、UI要素がフェードイン・フェードアウトしたり、メニューがアニメーションで縮んで消えたり、膨らんで現れたりするが、次にあげる2つの条件を満たしていれば悪くはない。

- ユーザーの気を散らさない、目立たないものであるべし
- 肝心のタスクを邪魔しないよう、短時間で終わるべし

　ユーザーが使おうとしているまさにその瞬間に動いてしまうUI要素なんて最悪だ。

　それなのに、この手の欠陥プログラムには週1に近いような頻度で出くわす。お願いだから、あなたのアプリやサイトでユーザーがコントロールをタップしようとしている時に、それを動かすのはやめてほしい。

94　5章　フォーム

ポイント

- UI要素は常に静止しているべきだ
- マイクロインタラクションのためのアニメーションは、目立たずに短時間で終わるようにせよ
- インタフェースの表示状況を、さまざまなデバイスや通信速度でテストせよ

051
パスワードは「*」に置き換えるべきだが、「パスワードを表示」のボタンも用意せよ

　新規登録等でパスワードを入力、設定する場面なら、「*」に置き換えるというのもうなずける処理だが、たとえば居間の長椅子でアプリにサインイン（ログイン）しようとしている人の画面を背後からこっそり覗き見てパスワードを盗むなんて、実際問題として不可能だろう。

　だからパスワードは「*」に置き換えるが「パスワードを表示」のボタンも用意しておく、という形にすれば、ユーザビリティのみならずセキュリティの点でも効果的だ。パスワードを見ながらタイプしていけるのであれば、たとえ長くて複雑なパスワードを登録しても、のちのち正しくタイプできると確信をもてる。というわけで、「*」に置き換えるのをデフォルトにして、「パスワードを表示」のボタンかチェックボックスも用意するべきだ。

　もちろん、パスワードマネージャー（使用中のすべてのサイトやアプリのパスワードを生成、管理してくれるプラグイン）を使うべきだという点は私も重々承知している。だがパスワードマネージャーを使っている一般ユーザーは多くはない。

　また、パスワードの強度に関するルールは最初からユーザーに明示するべきだ。ユーザーが何度も何度もパスワードを入力し直したあげく、文字、数字、記号の組み合わせに関するわかりづらいルールを見せられる、といった悲惨な事態は避けなければいけない。そうしたルールは、パスワードの入力フィールドが表示されている間は常に表示するべきだ。

　最後にもう1点。パスワードを正しく入力できたかどうかをチェックするだけのために、二度も入力させる必要はない。時間は余計にかかるし、無用な「テスト」をユーザーに課する形になるし、ほとんど何の役にも立たないからだ。仮に入力間違いがあっても、あとでパスワードをリセットできるようにしておけばよいだけの話だ。

ポイント
- パスワードは「*」に置き換えろ、だが「パスワードを表示」のボタンも用意せよ
- ユーザーがパスワードを設定する際には、パスワードに関するルールを明示しておけ
- パスワードを設定する際、二度入力させるのはやめろ

052
パスワード入力欄はペースト可能にせよ

　一体全体誰がどんな経緯で始めたのか、セキュリティ上のどんな問題に対処するつもりなのか、見当もつかない。わざわざJavaScriptで書いた命令を追加してまでパスワード入力欄へのペーストを不可にするなんて、正気の沙汰とは思えないし、セキュリティ面ではマイナスの影響が出る恐れもある。

　パスワードマネージャーを使っている場合、パスワードは到底覚えられない長いものになるだろうからペーストできなければ困る（文字列が自動的に入力されるオートフィル機能を実装しづらいモバイル機器ではとくにそうだ）。

　コピー、ペースト、検索、拡大・縮小、右クリックなど、システムレベルの標準的な機能は無効にするべきでない、というのが一般的なルールだ。どれもユーザーが長年各種デバイスを使って慣れ親しんできた基本的インタラクションだからだ。そんな機能を、今作成中のアプリやサイトで意図的に使用不可にするなんて無意味でバカげた話だが、そういうケースが実際にあるのだ。パスワードの盗用を減らすなどセキュリティ対策になると考えてのことだろうが、ユーザー中心のデザインとは言いがたい（**図52-1**）。

　その昔（1990年代に）画像のコピーを阻止すべく右クリックを無効にしたものだが、その効果たるや、わずか5秒ほどしか続かなかった。欲しい画像はキャプチャすればよい、とみんながすぐ気づいたからだ。

　パスワード入力欄へのペーストを無効にしたりすれば、ユーザーは覚えやすいが破られやすいパスワードを使わざるを得なくなる。読者の中に無効にした人がいたら、即刻やめるべきだ。

図52-1 パスワード入力欄へのペーストの無効化については、セキュリティの専門家トロイ・ハントが有益な見解を公表している。サイト「Troy Hunt」の掲載記事「パスワード入力欄へのペースト無効化が生んだ『コブラ効果』(The 'Cobra Effect' that is disabling paste on password fields.)」https://www.troyhunt.com/the-cobra-effect-that-is-disabling/ を参照

ポイント

- パスワード入力欄はペースト可能にせよ
- コピー、ペースト、検索、マウスの右クリックといったシステムレベルの基本的なインタラクションは無効化するな
- パスワードマネージャーの使用も許可せよ

053
「パスワードをお忘れですか?」の ページでは最初から入力欄に ユーザー名を表示せよ

ユーザーは、アプリやサイトにサインイン(ログイン)しようとして失敗したら、まず間違いなく次に「パスワードをお忘れですか?」をクリック(タップ)するはずだ。この時、メールアドレスをユーザー自身に再入力させたりせず、前回ログインした際のユーザー名をあらかじめ入力した「ユーザー名入力欄」を表示せよ。そうすればユーザーは「パスワードを変更」をクリック(タップ)するだけで先へ進める。

この「パスワードをお忘れですか?」の利用頻度はかなり高い。少なくとも、筆者が見たことのあるデータでは非常に高かった。それに、難解なパスワードを使っているため繰り返しリセットしているユーザーのほうが、脆弱なパスワードを使っているユーザーよりもセキュリティに関する意識はおそらく高いだろう。だから次のルールに従って、「パスワードをお忘れですか?」ページでの入力をやりやすくしよう。

- ユーザーがパスワードの入力で引っかかってサインインに失敗したら、前回ログインした際のユーザー名(またはメールアドレス)をあらかじめ入力欄に入れ、「パスワードをお忘れですか?」のボタンとともに表示する
- そのボタンをユーザーがクリック(タップ)したら、(一定期間で無効になる)パスワード再設定ページのリンクをメールやSMSで送信する
- そのリンクをユーザーがクリック(タップ)すると、新しいパスワードを入力するためのページが開く
- そのリンクは複数回使っても無効にならないようにする必要がある(ユーザーはよくリンクをダブルクリックしてしまうからだ)
- パスワードの変更が完了したら自動的にサインインするようにする

ベテランユーザーがサインインできないことから来る苛立ちを予防するというのは、UXを大幅にアップする優れた戦略だ。

ポイント

- パスワードを変更しようとするユーザーは、既にユーザー名を入力しているはずだから、それを再利用せよ
- パスワードの変更は、リンクを1回クリック（タップ）するだけでできるようにせよ
- パスワードの変更が完了したら自動的にサインインするようにせよ

054
パスワードの再設定ページに関する留意点

　ユーザーが利用開始時に行う操作の中でも利用頻度が高いのが「パスワードの再設定」だ。ユーザーという生き物はさまざまな場面であれこれミスをしでかすもので、この操作も例外ではなく、その修正を全力で助けるのがUXのプロたる我々の務めである。

　ユーザーがパスワードを再設定するのは次のようなケースだ（いずれも、パスワードマネージャーを使っていれば避けられるだろうが）。

- 覚えやすいが、推測もしやすいパスワードを設定してしまっていたので変えたほうがよいと思った
- パスワードを忘れてしまった

　こうしたケースで、パスワード再設定ページのURLをメールやテキストメッセージで送るという手法は便利で認知度も高く、もはや標準と言ってもよいだろう。

　ところがウェブでもモバイルでも、普段あまり聞かない呼称や見かけないUIが災いして、パスワードの再設定がやたらと難しくなってしまっているアプリが散見される。

　だからパスワードを再設定するためのコントロールのラベルは、ただ「パスワードをお忘れの方」とするべきなのだ。好ましくないのは「パスワードをリセットする」「アカウントにアクセスできませんか？」「リセット用のリンクを受け取る」など。どれもユーザーにとっては意味がわかりにくい場合がある表現で、「パスワードを忘れた」というよくある場面で利用するべき手続きであることを理解してもらいにくい。

　また、ユーザーが既にメールアドレスやユーザー名を登録済みなら、それを「パスワードをお忘れの方」のページのメールアドレスやユーザー名の入力欄に最初から入れておく必要がある。ユーザーにいちいち再入力させるのはご法度だ。

　さらに、ユーザーが（メールやSMSを介して）受け取るURLリンクの要件には次のようなものがある。

- パスワードを再設定できるページのリンクであること
- 一度クリックしただけで失効しないリンクであること（ダブルクリックしてしまうユーザーは多い！）

- 有効期限が妥当であり、それが過ぎたら失効するリンクであること
- パスワードの再設定が成功したら失効するリンクであること

　最後にもう1点。セッションの有効期間を長めに取るという選択肢も検討してほしい。短くするべきだと説く人もいるが、あまり短くしないほうがむしろセキュリティレベルがアップするのだ。

　ユーザーがサインイン（ログイン）すると、ブラウザやモバイルデバイスにクッキーやセッションIDがセキュアな形で保存される。デバイスそのものをなくしたり盗まれたりすると、そういったデータはデバイスに残るケースが多い。

　だからといって、短期間で自動的にサインアウト（ログアウト）させてしまうのはよくない。「エンタープライズアプリ」なら30分経過後、モバイルアプリなら2、3日経過後に自動サインアウトというパターンをよく見かける。これだと、ユーザーが頻繁にサインインしなければならなくなる。

　そんなに頻繁にサインインするのはとても面倒だし、UXとしてもお粗末だ。その結果、ユーザーは覚えやすいパスワードを選ぶことになって、結果的にアカウントのセキュリティが甘くなってしまうのだ。

ポイント

- 「パスワードを忘れたので再設定したい」という問題を解決する機能だとユーザーに瞬時に理解してもらえるよう、「パスワードをお忘れの方」という表現を使え
- ユーザー名を登録済みなら、それを「パスワードをお忘れの方」のページのユーザー名の入力欄にあらかじめ表示せよ。ユーザーに再入力させたりするな
- サインイン後のセッションの有効期間を長めに取る選択肢も検討せよ

102　5章　フォーム

055
破壊的アクションは取り消し可能に

ohnosecondとは、悲惨なヘマをしでかしたことを悟って「Oh, no!!!」と思わず叫びたくなる瞬間のこと（https://en.oxforddictionaries.com/definition/ohnosecond）。茫然自失、キーボードから浮いてわなわな震える両手を除けば全身がフリーズ状態だ。どんなヘマかというと、たとえば、ある顧客のレコードを全部消してしまった、ボスについての率直すぎる感想をうっかり本人に送信してしまった、「今すぐ購入」ボタンをクリックして気づいたら、なんと個数が111になっていた、などなど。

だがすぐれもののアプリなら、「取消」ボタンや、最終決定の前に数値編集できる機能だとかが用意されていて、こういう窮地も脱することができる。たとえばGoogleのGmailには「送信取消機能」があって、メールの送信を取り消せる時間も選択できるから、「送信」したメッセージがたとえば20秒なら20秒だけ「バッファ」に留め置かれ、短いながら送信撤回のための猶予期間となる。何も問題のない時には無視していればやがて送信される。かく言う私も、この機能に幾度となく救われた口だ。

こんな製品なら、ユーザーの「主導権を握っているという感覚」も強まる。なにしろ「どのアクションも取り消し可能なんだから、ヘマをしたって復旧すればいいもんね」と思うと、あれこれ実験や冒険を試みる場面も増え、うまくすれば何かの成果も上げられるかもしれない。

UIの視点に立った場合、操作の後で「バナー」や「トースト」を使った通知が表示され、そこの「取消」ボタンがあればすばらしい。操作の内容と完了をユーザーに告げるフィードバックになるし、素早く取り消せる手段も提供できるしで一石二鳥だ（**図55-1**）。

人間誰しもヘマをしでかすものだから、開発者は寛大であらねば。たったの一度でもよい、窮地から救われたユーザーは、きっとあなたに大いに感謝するはずだ。

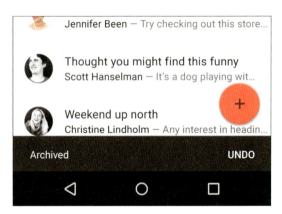

図55-1　UNDO（取消）のボタンが付いた「トースト通知」

ポイント

- ヘマは取り消し可能にするべし
- ユーザーの自由度と主導権をアップせよ
- 人間誰しもヘマをしでかすものだ。寛大であれ

6章
ナビゲーションとユーザージャーニー

056
初期ページはユーザーへの説明の好機

ユーザーがサイトやアプリを使い始める時には「初期ページ」が表示される。使いこなすにつれて、ここには情報がたまって、たとえばプロジェクトやアルバム、タスク等が並ぶようになるが、新規のユーザーが開いたページは、まだ何も作成されておらず、したがって何も表示されない。

このようにゆくゆくはコンテンツで埋まるはずのページを空っぽのまま表示してしまうサイトやアプリは少なくない。新規のユーザーにとって空っぽのページを見せられるのはかなりお粗末な体験だし、作り手の側でもユーザーに使用法等を説明する絶好の機会を逃していることになる。

そこでこのページに何を表示するかだが、ユーザーの役に立つテキストやヒントに、親しみのもてるイラストやアイコンを添えたりするのが一般的だ。どのビューも大抵は機能ベースで表示するから、そのページのタスクに焦点を当てたアドバイスを用意すればよい（図56-1、図56-2）。

図56-1　プロジェクト管理ツールBasecampの初期ページのToDoリスト

図56-2　ECプラットフォームShopifyの初期ページ。新規ユーザーを歓迎し主要機能の概要を紹介している

　ToDoリストのページなら、最初のリストを作成するコツを表示するのがよいだろう。また、ユーザープロフィールのページなら、略歴や自己紹介を書き込んだりアバター画像を添えたりする際のコツを紹介すればよいだろう。

　初期ページは（ユーザーがまだ何のコンテンツも作成していない段階に）たった一度しか表示されないものだから、「勝手知ったる」ベテランユーザーを邪魔することなく新規ユーザーに製品の機能を紹介するには理想的な場面だ。というわけで初期ページはユーザーに有益なものにするべし、とUXデザイナーは肝に銘じてほしい。

ポイント

- 初期ページは新規ユーザーへの使用法説明の好機だ
- そのページのタスクに焦点を当てたアドバイスを用意せよ
- 機能ごとに初期ページを表示する場合、その機能に関する具体的なアドバイスを用意せよ

057
初心者向けのTipは簡単にスキップできるようにせよ

「使い方ガイド」「初めてお使いになる方のために」など、初期ページを利用して作られた「初心者向けのTip」は、ユーザーが初めてタスクを完了したらその後は表示されなくなるのが望ましい（「056 初期ページはユーザーへの説明の好機」も参照）。

だが現実にはこうしたTipをユーザーに何度も無理やり見させるアプリやサイトがあまりにも多い。本当に初めて使うユーザーなら重宝もするだろうが、ベテランユーザーは恐ろしくイライラするはずだ。

おまけにアップデートでこうしたTipまでが「リセット」されてしまってベテランユーザーなのにまたまた無理やり最初から最後まで解説に付き合わされて激怒、といったケースもある。だから「初心者向けのTip」はオプションとし、スキップ可能にするべきだ。もしも読者の中に「初心者向けのTip」をタップ1回で完全にスキップできる機能を既に実装した人がいるならボーナスポイントを差し上げたい（図57-1）。

図57-1　実際にユーザーが使い方説明を読み始めるよりも前に、ごくかいつまんだ内容紹介を表示せよ

なお、「初心者向けのTip」は丁寧すぎると負担になるから、必要最低限にとどめなければならない。そもそも業界の慣習（と、基本的に本書で紹介している101のルール）に則って作ったアプリやサイトなら、細かな説明など不要なはずだ。

「検索はここでできます」「過去の入力はここに表示されます」「新規入力はコチラをクリック」のようにわざわざ説明しなければならないUIは複雑すぎて改良が必要なのだ。

ポイント

- 「初心者向けのTip」は簡単にスキップできるようにせよ
- 1回のアクションで全体をスキップできるようにせよ
- UIについて細かく説明したい気持ちはグッと抑えろ

058
無限スクロールはフィード型
コンテンツ限定に

　無限スクロールとは、ユーザーがスクロールするたびにページが自動でリフレッシュされ、コンテンツが限りなく表示されるページ構成のことで、ユーザーにとっては大層便利だ。

　もともとマウスホイールやタッチスクリーンでスクロールするほうが、1ページ1ページクリックしてめくっていくより速いし、動作としても単純だ。コンテンツがインスタグラムの写真やツイッターのつぶやきなどのフィード型なら相性抜群だ（**図58-1**）。

　ただ、向き不向きがあるから要注意だ。たとえば有限のリスト（メッセージやメール、ToDoリストなど）に対して無限スクロールを適用するとわかりにくくなってしまうので、フィード型限定にしたほうがよい。

　フィード型は、以前は時系列表示が圧倒的に多かった。最新の項目をトップに表示するやり方だ。だが最近はFacebookやTwitterのように、「アルゴリズムで並び替えた」「スマートな」タイムラインを提供する製品が増えている。狙いは、ユーザーごとの「関連性」という基準でツイートや記事を提供すること、そして広告やスポンサード投稿のようなプロモーションコンテンツを目立たせることだ（と思う）。

　これは好みの問題かもしれないが、私自身はこうしたスマートタイムラインがどうも好きになれない。第1にユーザーより企業や広告主の利益を優先しているし、第2に「情報の見つけやすさ」の点でかなりの支障が出る。この手のタイムラインを開いた時に自分が何を目にするのか確信がもてない。最新の項目なのか、関連度が一番高い項目なのか。ある項目をクリックして詳細をチェックして戻ってきたら、コンテンツがどんな具合になるのか。ありがちなのは、新たに生成し直されたリストが表示され、さっき見かけて「次はあれを詳しく見てもいいな」と思っていた項目が見つからなくなってしまうというケースだ（この問題については「059 無限スクロールが必須ならユーザーの現在位置を保存し、そこへ戻れ」を参照）。

図58-1 次の数件をロード中

通常バージョンだろうがスマートバージョンだろうが、とにかく無限スクロールにはあ
ともう2つ、見逃されがちな問題がある。ひとつはスクロールバーを台無しにしてしまう
こと。ブラウザウィンドウのスクロールバー内を上下するUI要素がスクロール位置を正
確に示せなくなり、クリックしてもページ内の上下移動ができなくなってしまう。もうひ
とつはフッターへのアクセスが不可能になる点。この2点を忘れずにいてほしい。

ポイント

- 多数の項目が並ぶ長いリストはページ単位に分けよ（「060 始まり、中間部、終わり
  のあるコンテンツにはページネーションを」を参照）
- 無限スクロールはフィード型コンテンツ限定にせよ
- ユーザーがフィード外へ出る可能性を考えて、ユーザーの現在位置を保存するべし

059
無限スクロールが必須ならユーザーの現在位置を保存し、そこへ戻れ

　無限スクロール型のアプリやサイトで、ユーザーがお気に入り登録をしたりコメントを残したりするために別のページへ移るというのは珍しいことではない。その作業を終えたユーザーは、デスクトップなら「戻る」のボタンをクリックし、iPhoneならスワイプし、Androidなら物理的な「戻る」ボタンを押して、元のフィードへ戻るはずだ。

Q：さてその時、戻るべき場所はどこか？
　a. フィードの最上部
　b. ユーザーがフィードを離れた時の位置

　どう考えても答えは**b.**だ（あなたがユーザーを心底憎んでいるなら別だが）。だが悲惨なことに、電子商取引サイトで長い商品リストの中からある商品を選び、その詳細を見てから元のリストへ戻ろうとすると、**a.**に戻されるケースが多い。

　b.に戻る機能を実装するのは技術的に難しいかもしれないが、ユーザーが迷子になるのを防ぐためなら努力のし甲斐もあるだろう。特定の製品ページを見終えたユーザーが戻るべきなのは常に「さっきリストから離れた時の位置」でなくてはならない。

ポイント

- ユーザーが無限スクロールの長いリストから離れる時には、その現在位置を記憶せよ
- 戻るべき場所は、無限スクロールなら「さっき離れた位置」、ページネーションなら「さっきいたページ」だ
- ユーザーを迷子にするな

060
始まり、中間部、終わりのあるコンテンツにはページネーションを

「058 無限スクロールはフィード型コンテンツ限定に」の流れで見ると、複数ページから成るページネーション型リストなんてもはや「旧来の一派」といった印象が強いのかもしれないが、それなりに長所はある。主なものをあげてみよう。

- ページネーション型リストは、リストアップされた項目の中から必要なものを選り出すという明確な目標に沿って作成されている。そのため、ユーザーは無限のリストを繰るのではなく、ページを繰るという直感的な方法を取れる
- ユーザーの現在位置を記憶し、「今いるページ」をユーザーに知らせることができる
- コンテンツの「始まり」「中間部」「終わり」を伝えることができる
- スクロールバーを使ってページ内を移動でき、必要に応じてフッターにもアクセスできる

リストがたとえば9,999ページまであるとわかれば、検索や並べ替え、絞り込みといった操作の選択も可能だが、ページ数がわからないのでは、そういった選択もやりようがない（**図60-1**）。

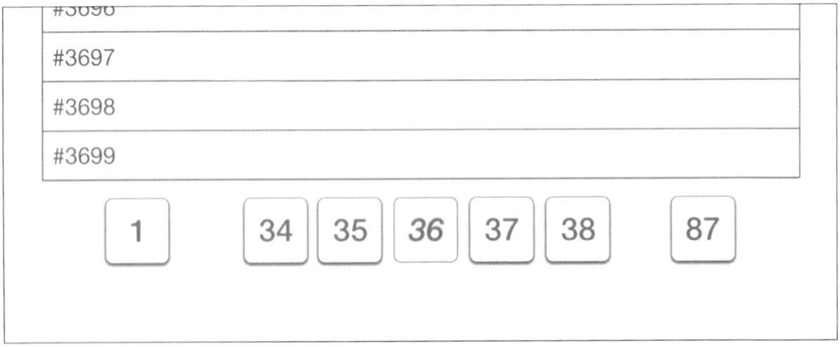

図60-1　ページネーション型のリスト

　ページネーションで表示する必要がある項目は、今いるページ、前後の数ページ、最初のページと最後のページだ。「前へ」と「次へ」のボタンは不要ではないかと思う。

　以上すべてを実践したとしても、ものすごく長いリストに目を通すのは容易なことでは

ない。認知機能の点で、ただもうしんどい。だから3ページを超すリストでは検索、並べ替え、もしくは絞り込みが必須、と考えるべきだろう。

ポイント

- 有限のコンテンツにはページネーションを使え
- ページネーションで表示する必要があるのは、現在のページ、前後の数ページ、最初のページと最後のページだ
- 検索、並べ替え、絞り込みの機能を用意せよ

061
フィードをリフレッシュされたら、読み終わった項目の次へ移動せよ

　ニュースフィードなどで項目がリストされている場合、項目ごとにリンクが用意されていることが多い。その項目の詳細に目を通したり、その項目に関してアクションをとったりするためのリンクだ。つまりユーザーはリストを一旦離れてはまた戻って来る、という作業を繰り返すことになる。

　たとえばニュース記事なら、ユーザーは読みたい記事をいくつか選び、詳細を読むためにリストを離れてはまた戻って来るという作業を繰り返す。だが、その、戻って来たユーザーを、機械的にリストのトップへ連れ戻すような悲惨なことは絶対にあってはならない。

　Twitterでは、ユーザーに未読の新着ツイートの件数を知らせ、ユーザーが望むなら手動でタイムラインを更新できるようになっている（ユーザーの明確な指示なしに勝手にフィードを変えてしまうことはない）。

図61-1　Twitterでは、未読の新着ツイートの件数を知らせ、ユーザーが手動で読み込めるようになっている

もちろんユーザーがある記事を読んで戻ってくるまでの間にフィードが変わってしまう可能性があるが、いつも更新されてしまったらユーザーは自分がどこにいたのかわからなくなり、使いづらい。つまり、ユーザーの現在のスクロール位置を常に把握しておく必要があるのだ。アプリやサイトを作る側ではその分もうひと手間かかるわけだが、ユーザビリティ改善のためならその価値はあるはずだ。

ポイント

- 読み終わった項目の次にある未読項目へ戻れ
- ユーザーの使用中に勝手にフィードを更新するな
- ユーザーが使用中に手動でフィードを更新できる機能もオプションで用意せよ

062
ユーザージャーニーには明確な「始まり」と「中間部」と「終わり」を

「ユーザージャーニー」という考え方は、広い範囲にも狭い範囲にも応用できる。「広い範囲」とは、たとえばマッチングアプリでユーザー登録をするなど、製品を初めて使う瞬間から、利用を終えた瞬間までの全体を指す。「狭い範囲」とは、何らかの設定メニューでオプションを変更するなど、製品内で行う小規模な作業のひとつを指す。

ユーザーはやりたい作業（JTBD：jobs to be done）を遂行する過程で多数の小規模な（「狭い範囲」の）ジャーニーをこなすが、どのジャーニーでも、そのジャーニーが始まったこと、ある時点で終わること、終わったこと、をユーザーに告げる必要がある。

にもかかわらず、ユーザーが「あれ、この設定変更、保存されたのか、されなかったのか？」と首をひねる場面は昔からあって、ソフトウェア開発の「べからず集」の常連項目となっている。macOSでは設定を変更してウィンドウを閉じれば自動的に設定内容が保存されるが、Windows用の（昔の）アプリケーションでは「保存」ボタンを押さないと変更内容が保存されないままだった。いや、もっと悲惨なシステムもある。「適用」ボタンをクリックしてから「保存」ボタンを押さなければ保存してもらえないのだ。

こうした設定変更のジャーニーも含めてどんなユーザージャーニーでも、終了した時点でそれを知らせなければ、ユーザーにはわからずじまいなのだ。だから必ず明示してあげなければならない（**図62-1**、**図62-2**）。

図62-1　Googleドキュメントで文書を編集すると、変更内容を保存したと知らせてくれる

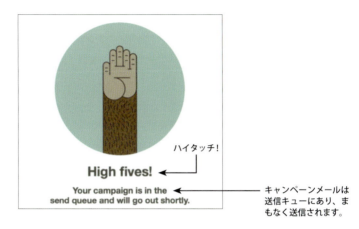

図62-2　MailChimpでは、メール送信の設定が完了すると、チンパンジーの手が現れてハイタッチをしてくれる

単純明快なメッセージを駆使してユーザーに「最新の状態」を知らせ続ける、というのは、そうそう簡単に実装できる機能ではないし、ユーザージャーニーは製品ごとに異なる。それでも、大小さまざまな規模のジャーニーの最中にユーザーに常に道しるべが提示されるよう、製品のユーザージャーニーを漏れなくテストし改善するのは有意義なことなのだ。

ポイント

- ユーザーのタスクやジャーニーには常に道しるべが必要だ
- ユーザーが意図した作業が終了したら、必ずユーザーに知らせろ
- 「ジャーニーの終了」を知らせる道しるべの例は、「メッセージは送信されました」「変更内容は保存されました」「リンクがポストされました」といったものだ

063
どのジャーニーでも常に現在位置を
ユーザーに明示せよ

デジタル製品で出くわす最悪レベルのUXの中にも、このルールに違反したせいで起きているものがある。たとえば「ユーザーが［確認］ボタンを押さなかったために商品が注文されなかった」とか、「お目当てのものがあまりにも奥深くに、しかもシグニファイア一切抜きで埋もれていたので、どうしても見つけられなかった」とかだ。

大抵のユーザーは、あなたの製品を初めて使う時、それがどう機能するかについてのメンタルモデルを部分的にしか（あるいは、まったく）もっていない。だから機能の一部分をユーザーに見せて使い方をわかってもらう必要がある。

現在位置もこの例外ではない。ユーザーは製品内での自分の現在位置を意識的に明確に把握するわけではないものの、少なくともだいたいの位置関係は掴めていなければならず、そのためには簡単な手がかりを見せる必要がある。

ちょうど現実の世界の道しるべのように、あなたの製品にも他とは視覚的に異なる道しるべ的な要素を用意する必要があるのだ。たとえばホーム画面は設定画面とは違う雰囲気にしなければならない。そんなの当たり前じゃないか、と思うだろうが、こうして階層ごとに視覚的な独自色をもたせることで、ユーザーに「さあ、トップページに戻って来たぞ」といった感触をもってもらえるわけだ。これでユーザーの「裁量権、主導権を握っているという感覚」も強まるし、ひいてはこの製品のメンタルモデルの確立にもつながる。

そこで、ユーザーにジャーニーにおける現在位置を明示するのに効果的な要素やコツをあげておく。

- セグメント化されたプログレスインジケータ
- パンくずリスト（「064 階層順に現在位置をたどれるパンくずリストを活用せよ」を参照）
- ユーザーの作業の結果が保存された（されていない）ことを示すインジケータ
- 言葉による説明。ユーザーの作業結果の現状と、次に起こることを、ユーザーに言葉で説明する

もうユーザーを「迷子」にさせるのはやめようじゃないか。視覚的なものでも、それ以外のものでもよい、何らかの手がかりを提示して、今のジャーニーにおける現在位置を大まかにでも感じ取ってもらおう。

120　6章　ナビゲーションとユーザージャーニー

ポイント

- 製品内で道しるべとなる視覚的手がかりを用意せよ
- どのジャーニーでも必ず現在位置をユーザーに明示せよ
- 階層間の移動に役立つコントロール類を用意せよ

064
階層順に現在位置をたどれる
パンくずリストを活用せよ

「パンくずリスト」は最高にシブいUI部品とまでは言えないものの、長年繰り返し使われる中で効果が実証されてきた「筋金入りのコントロール」であり、ユーザーにとっては頼り甲斐のある存在だ。

> トップ › 製品 › 衣料品 › パーカー

この例を見てもわかるように、パンくずリストは小さくて目立たない。デスクトップでもタブレットでも（また、場合によってはモバイルでも）、サイトやアプリのUIの間に難なく置ける。しかも、テスト段階でも実用段階でもユーザーに誤用されることがまずないという実績もある。

パンくずリストがあれば、ユーザーはアプリ（サイト）内での現在位置を確認することも、前の階層に戻ることも容易にできる。また、現在位置に来るまでの経緯が表示されるから、ユーザーの頭の中で、アプリ（サイト）全体の構造について、より正確なメンタルモデルが形成される。

JavaScriptでシングルページアプリケーションが続々と作られるようになった昨今、パンくずリストに見切りをつけるデザイナーが増えてきた。古臭くて面白みがないと思ってのことだろう（なにしろ、パンくずリストはウェブ用UIの中でも最古参のひとつなのだ）。

だがパンくずリストによるナビゲーションを見限るなんて、ユーザビリティの観点から見れば最悪の「オウンゴール」だ。パンくずリストがあれば「戻る」ボタンが一切不要となる。それなのにウェブアプリケーション自体に「戻る」ボタンをつけたりしたら、ブラウザ自体の「戻る」機能と重複して二重実行などの問題を引き起こしかねない。「戻る」ボタンは常に避けてしかるべきものなのだ。

頭に叩き込んでおいてほしい。UXのプロとしての務めは、「パンくずリストなんてもう古い」と切り捨てる一部のトレンドに迎合することではなく、ユーザビリティを改善することなのだ、と。そしてそれに最適なのがパンくずリスト —— 画面上でわずかなスペースしか取らず、しかも「もう古い」と見なすユーザーの邪魔にもならないパンくずリスト —— なのだ、と。

122   6章　ナビゲーションとユーザージャーニー

図64-1 「パンくずリスト」はGoogleの検索結果の画面でも使われている

ポイント

- パンくずリストによるナビゲーションを実装すれば、アプリ（サイト）内の移動も、アプリ（サイト）の構造の把握も容易になる
- ただしモバイルではパンくずリストが常に必要とは限らない。必要性を十分検討せよ
- パンくずリストなら、ユーザーに誤解される心配がまずない

065
オプションのジャーニーは
スキップ可能にせよ

　ジャーニーの中には直線状(リニア)でないものもあるし、ジャーニーのステップの中には不要なものもある。デジタル製品に「閉じ込められる」体験、つまり、あるジャーニーなりタスクなりをスキップしたいのに、その手段がなく、脱出したければそのタスクやステップを完了する以外にない、という体験は、ものすごくイヤなものだ。

　この項で紹介するルールはいたってシンプル。可能な場合は例外なく「これをスキップ」できるようにしておけ、というものだ。典型的な例は「使い方ガイド」「初めてお使いになる方のために」などの初期ページである。初めてではないユーザーが、もう知っている使い方を無理やり「学習」させられるのは本当にイラつく体験だ。

　これを巧みに処理したのがビジネスチャットツールのSlackだ（**図65-1**）。

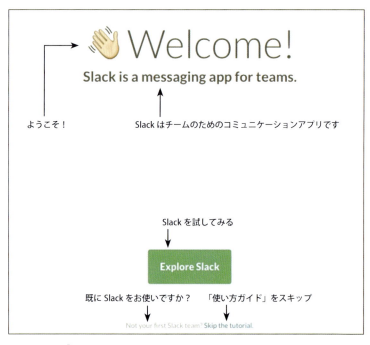

図65-1　Slackでは「既にSlackをお使いですか？」と訊いてくる

ページ最下部にある「既にSlackをお使いですか？」のテキストはもっと目立つようにしてもよいとは思うが、とにもかくにも、このテキストがここに、大抵のユーザーの目には容易に入る形で表示されるのだから、「使い方ガイド」を何度も無理やり見させられる悲惨な状況は回避できる。

「『使い方ガイド』をスキップ」のテキストがなぜこんなに小さいのかについては疑問が残るが、おそらくSlackでは実際の利用状況のデータを分析して初心者ユーザーと使用経験のあるユーザーの割合をはじき出し、それに基づいてこの文字サイズに決めたのだろう。だとすれば、これは製品の利用状況のデータをデザインでの意思決定に活かしている好例でもある。

ポイント

- オプションのジャーニーはスキップ可能にせよ
- 製品の必須でないページやタスクにユーザーを閉じ込めるのは禁物だ
- 実際の利用状況を分析して得たデータをデザインでの意思決定に活かせ

066
eコマースのサイトは標準的な
パターンを踏襲せよ

　物理的な商品であれデジタル商品であれ、とにかく何らかの品をオンラインで販売して
いるあなた。そんなあなたは、好むと好まざるとにかかわらず、eコマース界の住人だ。「e
コマース」なんて、どうしようもなく時代遅れな呼称に思えるが、「サイトやアプリを介
してオンラインでものを売ること」を意味する用語としては、これほどピッタリのものは
ない。

　そんなeコマースは企業にとっては通常の流通システムを介さずに収益を生んでくれる
直販路だから、UXのプロがオンラインUXの中でもいち早く注目し照準を定めた分野のひ
とつだった。マージナルゲイン（「細かな改善を積み重ねて大きな目標を達成する」という
アプローチ）でさえ、かなり収益を増やせることから、ユーザーテストやA/Bテストに注
力する甲斐があったのだ。

　こうして過去20年間、多数のユーザーが多数の消費者向けサイトを利用する中で、徐々
に磨き上げられ理解しやすくなった「eコマースの標準的なパターン」が確立され定着し
た。顧客を購買漏斗の入口から最下層へと（離脱率を極力抑えつつ）導くのは容易なこと
ではないから、パーチェスファネルは極力違和感のないものに、つまりユーザーにとって
極力馴染み深いものにしなければならない。

　というわけで、具体的には以下のようなパターンが定着した。

製品

　製品はカテゴリーで分類してリストし、価格、サイズ、色、パターンといった属性
を添える。ユーザーはこうした属性を頼りに商品の検索や並び替えをする。「商品
を見る」のページでは、サイズや色などのオプション（がある場合、それ）を選択す
るためのコントロールや、数量選択のコントロール、（選択した数量を買い物かご
（カート）に入れるための）「買い物かごに入れる」ボタンなどを用意する。商品のタ
イプにもよるが（購入する商品が通常ひとつだけ、という場合）ユーザーは支払い
手続きへ直行するよう誘導される。

買い物かご

買い物かごのページでは、ユーザーが選択した商品が希望の数量とともに表示され、ユーザーはこのページで「数量の変更」「商品の削除」「かごを空にする」「支払い手続きへ進む」といった手続きを行うことができる。

支払い手続き

このページでは合計金額が表示され、配送先住所やカード番号など支払いに関わる個人情報の入力を求められる。既に顧客アカウントをもっているユーザーは（詳細な個人情報を何度も入力しないでも済むよう）この段階でサインインできる、というオプションも用意する。ただ、可能なら、アカウントを作成しなくてもゲストとして購入できる機能も用意するべきだ。

これだけだ！ 長年にわたり実地でテストされ有効性が証明済みの、このパターンで、長年にわたって何十億という商品が販売されてきた。仮にそんな筋金入りのパターンをいじくろうなんてヤツがいたら「頭がおかしい」としか言えない。

ポイント

- パーチェスファネルの違和感を減らせる方法にはどれもコンバージョンを上げる効果がある
- ユーザーは、これまでに利用してきた他のあらゆるストアと同じ機能や使い勝手をあなたのストアにも期待する
- 「製品」「買い物かご」「支払い手続き」という既存の標準的なパターンを踏襲せよ

066 eコマースのサイトは標準的なパターンを踏襲せよ　　127

067
「既存のファイルを複製して編集」の フローを用意せよ

CRUDアプリ*1で、とかく見落とされがちなフローがある。「既存のファイルを複製して編集」のフローだ。ユーザーがひとつひとつ丹念に集めたデータを使って何らかの作業をする際、「既存のファイルを複製して編集」は単純ながら手間暇を大いに節約して生産性を上げてくれる。

「既存のファイルを複製して編集」でも「複製して編集」でも、あるいは「複製」だけでもよい。とにかくこれを選択すると、次のような流れで作業が進むようにしたい。

1. ユーザーが「複製して編集」をクリックする
2. システムがユーザーの指定したファイルをコピーする
3. （元のタイトルに「のコピー」なり「の複製」なりが付けられるなどした）新たなファイル名をもつ編集可能なファイルが開く
4. このファイルの各フィールドには事前に元のファイルのデータが入っている
5. ユーザーはこのデータを必要に応じて変更、修正し、「保存」をクリックする

このフローは、ユーザーがデータを継続的に追加したり、何らかのリストを維持管理していたりする場面でなら例外なく役に立つ。たとえば企業間のやり取りに関わるアプリでは、（顧客レコードや注文レコードなど）多数の詳細なレコードから成るデータベースを扱うのが普通だ。また、このフローは（プレゼン資料作成ツールでスライドを複製し編集するなど）一般消費者向けアプリでも用意され、盛んに活用されている。

ポイント

- 「既存のファイルを複製して編集」のフローを用意せよ
- 新規作成のたびに同じ詳細を入力し直させるなんて言語道断だ
- 一般消費者向けの製品にこのパターンをどう応用できるかも考えてみろ

＊1　ユーザーが頻繁に行う4つの基本操作、create［新規作成］、read［読み取り］、update［更新］、delete［削除］を指す。具体的にはユーザー、顧客、製品、注文などのデータが対象になることが多いが、何でもあり得る。詳しくはウィキペディアのCRUDの項などを参照。

068
UI要素を必須、容易、可能の 3種類に分けよ

　我々デザイナーは製品を極力直感的で馴染み深いものにしようと努める。だが一方で、パワーユーザー向けの、大半のユーザーがめったに使わない機能があり、それも無視できない（「073 パワーユーザー向けの設定は通常は非表示にせよ」を参照）。ユーザー体験に関する裁量権をある程度ユーザーに委ねようとすると、使用頻度の低い機能や、変更したがるユーザーがほんのひと握りしかいない設定項目の扱いをどうするかが問題になる。

　その流れで、あるコントロールなりインタラクションなりの位置（や表示・非表示のレベル）を判定しようとする際に役立つのが、次の3種類に分けるという手法だ。

必須

　「必須のインタラクション」とは、アプリ（サイト）の中核機能のことで、たとえばカメラアプリのシャッターボタンやカレンダーアプリの新規イベントボタンなどがこれに当たる。ユーザーがあなたの製品を起動するたびに使う機能と言っても過言ではなく、そのためのコントロールはよく目立ち直感的に操作できるものでなければならない。これをうっかり（または意図的に）非表示にしてしまったケースをいまだに目にするが、これがユーザーの激しい不満を呼び、ひいては新製品の失敗を招くケースが少なくない。

容易

　「容易なインタラクション」は分類が一番難しいカテゴリーで、イテレーションを繰り返してユーザーからフィードバックをもらい、それを参考にしてようやく正しい判断を下せる場合が多い。このカテゴリーの例としては、カメラアプリの自撮り撮影と普通の撮影の切り替えや、カレンダーアプリの既存のイベントの編集といったインタラクションがあげられる。この手のインタラクションのコントロールは（たとえばメニュー項目のひとつとして、あるいはメインコントロールの第2レベルの項目として）簡単に見つけられるものでなければならない。非表示にするには使用頻度が高すぎるため判断に苦しむのだが、毎回使われるわけでもないため優先度の下げすぎとなってしまうケースも多い。

可能

使用は可能だが、めったに使われず、大抵はヘビーユーザー向け、というインタラクションだ。ユーザーによる「発見のしやすさ」はある程度維持する必要があるが、「必須」や「容易」ほどは目立たないものにしなければならない。このカテゴリーの好例は、カメラアプリでのホワイトバランスやオートフォーカスの調整、カレンダーアプリでのイベントの繰り返しの機能だ。ヘビーユーザー向けのいわば上級のコントロールだから、大半のユーザーの目に触れない深いレベルに隠せば画面がすっきりする。

以上、あなたの製品のUIの（ひいてはUXの、そして最終的には製品全体の）成功を左右するカギとなる手法である。概念化の初期の段階、すなわちペーパープロトタイピングやワイヤーフレームの作成の段階で使い始めてほしい。テストも頻繁に繰り返す必要がある。ユーザーが実際にどんなことをするか、機能や設定をどんな具合に見つけるかを観察する。イテレーションは迅速に行うべきだ。極力迅速に修正して出荷し、テストを実施する。こうしたことをすべて実践して初めて、制作者側にとってもユーザー側にとっても「必須」と「容易」と「可能」のバランスをほどよく取ることができる（**図68-1**）。

ポイント

- インタラクションは「必須」「容易」「可能」の3つのカテゴリーに分類せよ
- 分類の妥当性を、実際のユーザーを対象にしてテストせよ
- 製品開発の初期の段階からイテレーションを迅速に繰り返すことが成功のカギだ

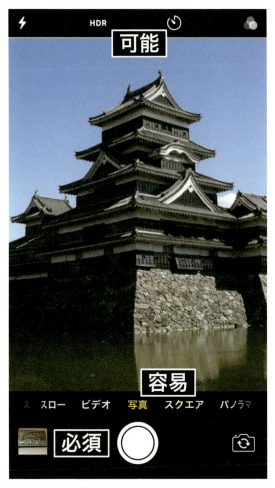

図68-1　iOSのカメラアプリでは3種類のUI要素をバランスよく配置している

069
ハンバーガーメニューなんて使うな

物議をかもすUI、という点でハンバーガーメニューの右に出るものはないだろう。ここ数年、デバイスの画面サイズに依存しないウェブサイトを構築するための「レスポンシブデザイン」が普及し、それに伴って狭い画面での省スペース効果が高いこの三本線が盛んに使われるようになった（**図69-1**）。

図69-1　おぞましきハンバーガーメニュー

だがハンバーガーメニューには次のような悪影響があることが調査で明らかになった（Hamburger Menus and Hidden Navigation Hurt UX Metrics（ハンバーガーメニューおよびナビゲーションの非表示でUX指標に悪影響が），NNG，2016。https://www.nngroup.com/articles/hamburger-menus/）。

- ユーザーの「見つけやすさ」がおよそ半分に
- タスクがより難しく感じられる
- タスク完了までの所要時間が増える

要するに、ナビゲーションを非表示にすると、ユーザーに発見されにくくなるだけでなく、そのアプリやサイトの中でユーザーが自分の現在位置を見失いやすくもなる、ということなのだ。

そんなハンバーガーメニューに取って代わるべきデザインパターンとしては、次のようなものがあげられる。

ナビゲーションをビューの最下部に表示する

iOSの種々のアプリを介して普及した手法だ。主要な機能を4つか5つ、ボトムメニューにして常時表示する（このうち5つ目の機能は、ヘッダの上にマウスを置いた時だけ開く「フライアウト表示」にしてもよい）

ナビゲーションをタブ表示にする

Androidのアプリを介して普及した手法だ。上の手法とは逆に、主要な機能をビューの最上部に表示する

ナビゲーションを縦に表示する

ナビゲーションを左揃えにして縦に並べる手法だ。万能の解決法ではないが、ナビゲーションの数が6個以下の場合、ハンバーガーメニューよりはましな代替法となる

とはいえ、ユーザビリティの点でどうしてもハンバーガーメニューを使わざるを得ない状況もないわけではない。たとえば（「068 UI要素を必須、容易、可能の3種類に分けよ」で説明した）「可能」のカテゴリーに入る機能が多数あって、その多数の「可能」な機能をモバイルでも省けない、といったケースだ。ただしデスクトップなら、ハンバーガーメニューは絶対に使うな。

ハンバーガーメニューをどうしても使わなければならない時には、ユーザーの使い勝手に配慮して［メニュー］というラベルを添え、悪名高き三本線アイコンの悪影響を少しでも薄めろ。

ポイント

- ハンバーガーメニューを使うとユーザーの「見つけやすさ」がほぼ半減する
- ハンバーガーメニューなどを用いてナビゲーションを非表示にすると、ユーザーは「迷子」になりやすい
- 代替法も検討するべきだが、ハンバーガーメニューを使わざるを得ない場合はしかるべきテキストラベルを添えろ

070
メニュー項目は下部で再表示せよ

　想像してみてほしい。あなたのサイトのナビゲーションはビューの最上部にあるのだが、ユーザーはスクロールを繰り返し、既に下のほうに来ている（きっとあなたが用意したすばらしいコンテンツに夢中になったのだ）。こんな時、ページトップへはどう戻るようにするのがよいか。

　大半のモバイルブラウザで、最上部のバーをタップすればページトップへジャンプするというショートカットが用意されている。ページ下部に表示される「ページTOP」に戻るためのボタンは必要ない。

　スペースの無駄遣いだ。

　最善の解決策は、フッターでメインメニューの項目を再表示することだ。最低でも、ユーザーに人気のあるページへのショートカットは用意してほしい。「ミニ・パンくずリスト」でも、「ページTOP」ボタンよりは役に立つだろう。ユーザーはひとつ上のレベルに戻って次の項目を見つけられる。

　Firefoxのフッター（**図70-1**）では、ナビゲーション階層の最上位のセクションへ飛ぶ便利なリンクが整然と並んでいる。また、フッターに検索フィールドを置いているサイトもあるが、これも気の利いたアイデアと言えそうだ。自分の探していたものがそのページで見つからなかった場合、これを使えばサイト内検索ができる。

ポイント

- サイトのナビゲーションはフッターで再表示せよ
- ページの最下部を「袋小路」にするな
- フッターで検索機能を提供するという選択肢も検討せよ

図70-1　Firefoxのフッター

7章

ユーザーへの情報提示

071
言葉で説明するのではなく、見せろ

「言葉で説明するのではなく、見せろ」。これは脚本や小説を書く秘訣で、ロシアの劇作家であり小説家であったアントン・チェーホフの名言とされている。作家自身が言葉で説明するよりも、登場人物の動作や会話、感覚や感情を介して読者に物語を「実体験」させるべし、という手法だ。

これをIT機器のデザインにも応用してほしい。実際の状況をユーザーに見せて、どんな感じか、自ら体験してもらうのだ。また、初心者ユーザーを対象とする「使い方ガイド」や「機能の紹介」などをデザインする際も、「言葉で説明するのではなく、見せろ」はデザイナーが頭の中で自分相手に繰り返し唱えるべき「戒め」となる。製品の使い方を実際に見せるほうが言葉で説明するより常に効果が大きい。

その第一の理由は、テキストだとユーザーが読んでくれないから、だ。本当に読んでくれない。これは私自身がこれまで数々のユーザーテストでたびたび目撃してきた現象だ。画面のテキストを、ユーザーは読んでくれない。だから使用法を言葉で説明するのではなく、実際に見せなければならない。

インストール後、最初に表示される「ようこそ画面」が、格好の取っかかりとなるだろう。ただしあくまで初心者ユーザーが対象で、（このアプリをインストールするのはこれが初めてではない）リピーターには簡単にスキップできるようにする必要がある。そして、初心者ユーザーが作業を始めようとする際に必要な部分に焦点を当てる。インタフェースの要所を提示したら、あとはそれぞれのユーザーに任せ、自由に試してもらう。

複雑な（あるいは専門性の高い）製品では、使用法をデモ動画で紹介するという手法が最適だ。ただ、終わりまで視聴するのはしんどいものだし、ユーザーはそれだけ時間を取られるわけだから、ベテランユーザーのためのスキップボタンを必ず用意してほしい。言うまでもなくデモ動画の利点は、複雑なUIの操作法を詳細かつ具体的に示せることだ。この手法がとくに功を奏するのは、動画編集ソフト、グラフィックツール、ミュージック作成・編集ソフトなど専門性の高いプロ用のソフトウェアだ。一般消費者向けの製品には必要ない。

「言葉で説明するのではなく、見せろ」のアプローチで、より大きな効果を得るコツを

最後にもうひとつ。既存の製品を下敷きにするのだ（「094 UIデザインではベストプラクティスの採用は盗用にはならない」を参照）。ユーザーは多分あなたの製品に類似する製品を既に見たり使ったりした経験があるはずで、その経験をあなたの製品を使い始める際に活かせれば、好調なスタートが切れる。

ポイント

- ユーザーは説明文なんてめったに読んでくれない。だから言葉で説明するのではなく、見せろ
- デモ動画は複雑なソフトウェアやUIの使用法の紹介に最適だ
- ただしそうしたデモ動画はベテランユーザーにはスキップ可能にせよ

072
隠れた部分もチラッと見せよ

ユーザーの関心の的は言うまでもなく「今、目の前の画面に表示されているもの」だが、まだ表示されていないものの存在をそれとなく伝えるという手がある。

画面は個々のアプリを覗き込む「窓」であり、ユーザーはその窓に表示されているものを見て、そのアプリのインタフェースにまつわるメンタルモデルを得るのが普通だ。だから隠された部分もチラッと見せれば、「まだまだ見るべきものがありますよ」とほのめかすことができる。

この手法をうまく使えば、画面スペースを取りすぎないささやかな視覚的手がかりだけでユーザーに「まだまだあるよ」と暗示できる（**図72-1**、**図72-2**）。

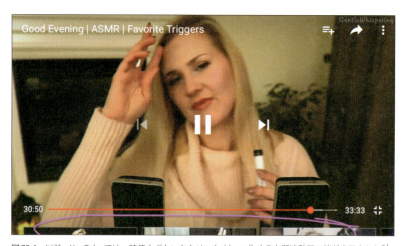

図72-1　以前、YouTubeでは一時停止ボタンをクリック（タップ）すると関連動画の端が表示された[*1]

＊1　訳注：原著執筆時点ではこの機能があった模様だが、2019年9月現在、この機能はなくなっている。

図72-2　Opus Oneではほかにもまだあることを示すカラータブが表示されている

　どちらの例でも、これがユーザーをほかの部分へ誘導する唯一の方法ではない（たとえばYouTubeでは関連動画が既に横にずらりと並んでいる）が、新参ユーザーにとっては気の利いたヒントに、古参のユーザーにとってはショートカットになる。

ポイント

- 隠れた部分をチラッと見せると、ユーザーにとって効果的な視覚的手がかりとなる
- ナビゲーションの唯一の手段ではないが、有効なヒントになる
- 画面の省スペースという点では効果が大きい

073
パワーユーザー向けの設定は通常は非表示にせよ

パワーユーザー向けの設定オプションを非表示にしてもよい場面なのに、それも含むすべてのメニューオプションを漏れなく表示するのは無用なことだ。パワーユーザー向けの、得てして細部にこだわった分かりにくいオプションは、そもそも設定のためのオプションを分類する時点で選り分けておき、総数が多ければさらに下位の分類もしたい（そうしたオプションを全部引っくるめてひとつのセクションにまとめるのは厳禁だ）。

パワーユーザー向けオプションを非表示にすれば、ユーザーが記憶しなければならない項目の数が減るだけでなく（「033 選択肢は多くしすぎるな」を参照）、複雑で難しそうなオプションが一般ユーザーの目に触れなくなり、アプリ全体の親しみやすさが増す。

また、厳選したオプションから成る気の利いたデフォルト（省略時設定）を用意すれば（「092 デフォルト設定を過小評価するな」を参照）、大多数のユーザーはパワーユーザー向け設定をいじる必要を感じないはずだ。そしてパワーユーザー向けオプションが並ぶセクションは、文字どおりそれを必要とするパワーユーザーに愛用されることになる。

設定ページの構成は「ユーザーがやりたい作業（JTBD：jobs to be done）」をベースにして決めるべきもので、システム側の都合で決めるべき問題ではない。たとえば「サウンド」関係の設定と「動画」関係の設定は、それぞれ別々にまとめる、といった具合だ。これはわかりやすく納得の行く分け方で、こういう構成にしているOSは多いが、アプリではサウンド系も動画系も全部ひとまとめにして「設定メニュー」としているものが多く、多数のオプションがぎっしり並んだ、使いにくいメニューになってしまっている。

この点で模範例としてあげたいのがmacOSの「システム環境設定」だ（**図73-1**）。システムの機能よりも作業内容を基準にしてオプション項目を分類してある。たとえばキーボード関係、マウス関係、トラックパッド関係のオプションを、それぞれ「キーボード」「マウス」「トラックパッド」の下にまとめ、それぞれのアイコンをクリックすればそれぞれのビューが開くようにしてある。これを全部「入力」の下にまとめたりすれば混み合ってわかりにくいビューになってしまうはずだ。

図73-1 使いやすく分類されたmacOSの「システム環境設定」パネル

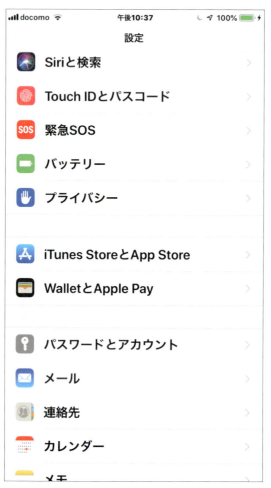

図73-2　多数の項目をわかりやすく分類してあるiOSの「設定」

さらに、「設定」のビューがとくに長い（あるいは複雑な）場合、検索機能を加えるという手もある。もう実装済みだという人がいたらボーナスポイントを差し上げたい。

ポイント

- パワーユーザー向けの設定オプションはレベルを下げて最初は非表示にせよ
- 設定オプションの分類で基準にするべきは「ユーザーがやりたい作業（JTBD）」や作業内容だ
- 選択肢の多いリストに関しては「7 ± 2」のルールを忘れるな（「033 選択肢は多くしすぎるな」を参照）

074
処理の所要時間が明確なタスクには全体で1本のプログレスバーを

　iPhoneが大量の演算をこなすパワーときたら、1990年代末のスーパーコンピュータ並みだ。ところがそんなiPhoneのために開発されたソフトウェアで日常レベルのタスクを処理しようとすると、大抵じれったいほど時間がかかる。たとえば印刷。コンピュータからプリンターへドキュメントを送るのに、なんでこんなに手間取るのか。まるでプリンターが毎回毎回印刷の機能をおさらいしなくちゃいけないみたいだ。いずれにしろ、タスク完了までどのくらい待たなければならないのか、待ち時間をユーザーに知らせる必要がある。

　ただし、下の例のように、プログレスバーがやっと右端に到達して消えたと思ったら、また左端から伸び始め、それが終わったらまたまた…と、何度も「小出しに」表示されるプログレスバーを見かけるが、これは厳禁だ。

　　コピー中：　　　　　　0 ... 10 ... 50 ... 100%
　　圧縮ファイルを解凍中：　0 ... 20 ... 60 ... 100%
　　インストール中：　　　　0 ... 15 ... 45 ... 80 ... 100%
　　終了処理中：　　　　　　0 ... 20 ... 60 ... 100%

全体で1本のプログレスバーにするべきなのだ（**図74-1**）。

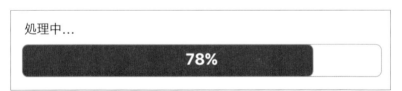

図74-1　望ましい形のプログレスバー

　こうした場面に最適なプログレスバーとは「明確な始まりと終わりをもつ1本の水平方向のバーが、左から右へ徐々に満たされていく形でタスク処理の進捗状況を表示する」というものだ。あいまいなところがまったくなく、ユーザーはタスクが予定どおり処理されているという事実と、完了までに残された時間の割合を知ることができる。

なお、この項のタイトルは「処理の所要時間が明確なタスクには全体で1本のプログレスバーを」としたが、「所要時間が明確」というのは、「ソフトウェアから見て、タスクの完了までにやるべきことがいくつあるのかがわかっており（もしくはそれを分析、算出するすべがあり）、しかも常に最新状況を把握して進捗状況を更新し続けられる状況」を意味する。可能ならこれをデフォルトにせよ。

ポイント

- 可能なら進捗状況をプログレスバーで表示せよ
- タスク全体で1本のプログレスバーを表示せよ
- プログレスバーの始まりと終わりは明確に

075
処理の所要時間が不明確なタスクにはスピナーを

　この項のタイトルのうち「所要時間が不明確なタスク」が厳密に何を意味するのかというと、「ソフトウェアから見て、完了までにやるべきことがいくつあるのかがわからず（もしくは知るすべがなく）、タスクが完了した時点で初めて完了の事実がわかる、そんなタスク」のことだ。

　アニメーションのスピナーを表示するという手法は、ユーザーに伝えることのできる情報量ではプログレスバーを表示する手法より劣るが、少なくとも、何らかの処理が進んでいること、また、このスピナーが消えればそれがタスク完了を意味することは、ユーザーに示せる（**図75-1**）。

図75-1　スピナーの一例

　何か問題が起きたらスピナーの回転が止まるようにするべきだ。というのは、ある時点でスピナーが「無限ループ」のGIF画像と化してしまったとしても、それを知るすべのないユーザーが（舞台裏で何も処理が行われていないにもかかわらず）ただ待ち続ける恐れがあるからだ。その点でGmailは気が利いている。まず「loading（読み込み中）」と表示し、しばらくたったら「still loading（引き続き読み込み中）」と表示する。

　ちなみに、スピナーは「ページの再読み込み」のような、所要時間のごく短いタスクにはぴったりだ。こんな場面でプログレスバーなんか使ったら、やりすぎだ。

ポイント
- プログレスバーで進捗状況を正確に示せない場合にはスピナーを使え
- スピナーには、着実に処理が行われていることをユーザーに伝える効果もある
- 何か問題が起きたらスピナーの回転を止めろ（またはスピナーを消せ）

076
ループするプログレスバーなんて最悪だ

アニメーション（大抵はGIF画像）のプログレスバーが左端から伸びていって右端へ到達したと思ったら、いきなりゼロに戻って、また伸びていく。私がこれまでにUIがらみで出会った中でも、とりわけ悲惨（でとりわけ滑稽）で奇妙キテレツなコントロールだ。「直線状のスピナー」とでも呼んだらいい。ユーザーを忌み嫌うデザイナーであるなら、嫌がらせをするのに最適のツールかもしれないが。

インターネット上ではなく自分のパソコンのローカルな環境だけでテストすると、こういうことになる。ローカルなテストではすべてがあっと言う間に読み込まれプログレスバーが開発者の目にとまることさえないのだ。これまた、実世界で本物のユーザーを対象にテストすることの大切さを物語る事例のひとつではある（「101 ユーザーテストでは本物のユーザーを対象にせよ」を参照）。

ポイント

- ループするプログレスバーなんて最悪だ
- 本当はそうではないのに、もう少しで処理が完了するような印象をユーザーに与えるな
- テストは自分のパソコンだけでなく、実際に使われるインターネット環境でも行え

077
プログレスバーには進捗率や残り時間を示すインジケータを添えよ

プログレスバーには進捗率を（%や分数で）示すインジケータを添えろ。もっとも、それをユーザーが読み取る余裕があるほど待ち時間が長い場合に限るが（図77-1）。

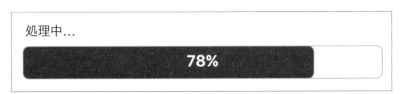

図77-1　進捗率を%で示すインジケータを添えたプログレスバー

プログレスバーがほんの一瞬で消えてしまうような場面なのにインジケータを添えたりすれば、かえって視覚的クラッター（混雑）が増してユーザーを混乱させるだけだ。しかしプログレスバーを前にして待つ時間が2、3秒はあるという場面なら、進捗率（%）をバーに添えれば、誰にでも理解できる便利な情報源となる。

ちなみにこのインジケータだが、「%」や「分数」ではなく「残り時間」を表示してもよい。「残り時間〇分」のように表示し、数がだんだん減っていくという形を取る。ただ、比較的短時間で完了する作業なら%表示のほうが効果的だし、残り時間の算出はとかく技術的難題となりがちだから要注意だ。現に「残り時間24分」と表示されていたのに、2、3秒後には処理が完了してしまった、というケースが結構よくある。正確な残り時間をユーザーに提示する自信がなければ、「残り時間」ではなく「%」で表示するほうがよい。

この項でプログレスバーについての話は終わりだ。できれば今後2、3年のうちに、みんなでプログレスバーをきちんと改善、整備してしまいたいものだ。そうすれば私もこうした文句や提案を二度と書かなくて済む。

ポイント
- 「…%完了」という形のインジケータをプログレスバーに添える手もある（ただしそれをユーザーが読み取る余裕があるほど待ち時間が長い場合に限る）
- 処理時間が長くなる場合は「残り時間」を表示してもよい
- だが 残り時間を正確に見積もって表示することができないなら「%表示」で十分だ

078
検索結果は分類して表示せよ

　Googleの検索結果の順位付けのアルゴリズムは本当にすばらしい。ユーザーがどんな検索エンジンに対しても同じレベルのUXを期待するようになったほどだ。だがあいにく最新のウェブプラットフォームの「独創的な」サイト内検索の中には、Googleに及ばないものが多い。あなたもその点で自分の製品をじっくり検討し、問題解消に努めて、ユーザーの期待を裏切らないGoogle級のUXを提供してほしい。

　次の例は、検索結果を全部羅列するだけの悪例だ。

　　ネコ用スプーン
　　ネコ用ベッド
　　ネコ用Tシャツ
　　キャットフード　500g
　　キャットフード　1kg

　検索結果は分類して表示するべきだ。そうすれば全部を羅列した場合よりは短いリストが複数並ぶ形になるから、ユーザーの情報吸収速度は上がるし、関連性の高い項目へ一気に飛ぶことも可能になる。

フード (2)	衣類 (1)	日用品 (2)
キャットフード 500g	ネコ用Tシャツ	ネコ用スプーン
キャットフード 1kg		ネコ用ベッド

　各カテゴリーの項目数も提示したいものだ。そうすればユーザーは、とくに長いカテゴリーがある場合、その項目をわざわざ時間をかけていちいちクリックしながら一覧する価値があるのかどうか判断できる。

　検索結果を分類して表示することで、ユーザーがリストに目を通す時間を短縮できると同時に、不要なカテゴリーを無視して関連度の強いカテゴリーへ一気に移動もできる。

ポイント

- 検索結果は分類して表示せよ
- 各カテゴリーの項目数も提示せよ
- Google並みの質の高い検索結果をユーザーに提示することを目指せ

079
検索結果は関連度の高い順に表示せよ

　本書で紹介しているものの中でも、とりわけわかりやすいのがこのルールではないだろうか。「検索結果は関連度の高い順に表示せよ」なんて明々白々、もちろんそうするべきだ。それなのにこのルールはたびたび破られ、関連度の低い検索結果が最上位に表示されたりする。

　ユーザーに検索を促しておいて、関連度の低い検索結果を表示するなんて、一体全体なぜなのか？

　理由その1：検索のアルゴリズムがまずい

　技術面で言えば、この問題の解決が一番難しい。検索結果の順位付けは技術的難題となり得るのだ。とはいえ、長年繰り返し使われ効果が実証済みの解決法がないわけではない（たとえば文書の順位付けでよく使われているアルゴリズムTF-IDF。ウィキペディアのtf-idf［単語の出現頻度と逆文書頻度：term frequency-inverse document frequency］https://ja.wikipedia.org/wiki/Tf-idfを参照）。また、市販の検索ソフトの中にも気の利いたデフォルト（省略時設定）を用意しているものがある。

　というわけでGoogle並みの検索機能を実現することは至難の業なのだが、ユーザーはまさにそれを期待する。Googleが検索結果の順位付けのアルゴリズムを完成させるのに、どれだけ多くの時間と労力を投入したか知りもしないで、同レベルの順位付けをあなたのサイトにも期待するのだ（「078 検索結果は分類して表示せよ」を参照）。

　だからとにかく自分のサイトの検索機能をテストし、サイトの実際の利用状況のデータも徹底的に分析し、関連キーワードの人気の推移も勘定に入れ、上位にあがっている結果の関連度が本当に高いかどうか確認することだ。

　理由その2：フィルターのデフォルトがまずい

　検索機能自体には問題がなく、まっとうな結果を出しているにもかかわらず、フィルターの適用方法（候補の絞り込み方法）がまずい、というケースだ。たとえば何か欲しいものがあって適当なオークションサイトはないかと探しているユーザーに、最寄りのサイ

トを提示してしまう、など。なまじユーザーの現在地がわかっているものだから、「最寄り」は気の利いた提示基準だと勘違いしたのかもしれないが、希望の品を発送してもらうなら「最寄り」は重要ではなく、もっと下位のサイトが同じ品をもっと良い状態や値段で出品しているかもしれない。デフォルトはあくまでも実用本位で選定し、ユーザーに明示して各自が好きに変更できるようにするべきだ（「092 デフォルト設定を過小評価するな」参照）。

理由その3：ユーザーが望んでもいないものを売りつけようとしている

　結構よくある悪質なケースだ。ユーザー自身が見たいものではなくサイトやアプリ側がユーザーに見せたいものを表示してしまう。ただもう企業側のニーズを満たすためだけのもので、ユーザーの不興を買うに決まっているからやめておけ。当初の売上は多少増えるにしても、顧客の怒りを買うだけだ。

ポイント

- 検索結果のページでは、関連度の高い順に表示せよ
- 表示結果の並び順の変更や絞り込みを行うためのわかりやすいコントロールを提供せよ
- ユーザーの立場になって、どの結果を最上位に置くのがベストなのかを考えろ

080
未保存はタイトルバーを使って
警告せよ

　できればユーザーの作業の結果を自動保存する機能を用意するべきだが、保存は自動ではなくユーザーが手動で命じたほうがよいというケースももちろんある（たとえば自動保存が破壊的な結果をもたらしかねない創作系のアプリなどだ）。

　ユーザーに「未保存」を知らせるのに最適な方法は、アプリのタイトルバーに視覚的な警告を表示するというもので、具体的にはタイトルバーに黒丸を表示するとか、（スペースが許せば）「保存されていません」と言葉で明示するといったものがある。

　こうすればユーザーは（⌘+SやCtrl+Sなどを使って）現状を保存する必要があることにひと目で気づくだろうし、たとえ最終決定前の、まだ各種選択肢を試している段階だとしても、少なくとも未保存であることは認識するはずだ。

　以上のような配慮の狙いは、ユーザーがあなたの製品を使ってデータを入力したり、プロフィールや履歴書を作成したりした時間と労力に敬意を表することだ。ユーザーは作業の現況を知らされて当然なのだ。保存済みなのか未保存なのかをユーザー自身が推測したり記憶したりしなければならない製品なんてあり得ない。

ポイント

- 作業の結果が保存済みか未保存かをユーザーに明示せよ
- 自動保存がユーザーにとって本当に有益なのか、よく検討せよ
- 製品を使って費やした時間と労力を尊重する姿勢をユーザーに示せ

081
アプリの評価依頼のポップアップなんてやめろ

　ユーザーがあなたの製品を使い始めた理由は「暮らしに役立つ」「バスに乗っている最中の暇つぶしにもってこい」「こんなシブいことのできるアプリ、初めて」などなど千差万別だ。

　ユーザーがあなたの製品を使い始めた理由は、こんな画面（**図81-1**）を眺めるためじゃ絶対ない。

図81-1　こんな画面、見たいやつなんているものか

　これは史上最悪のタイミングでいきなり飛び出し、アプリの評価をせまるポップアップウィンドウだ。

　App Storeが現在の規模にまで巨大化して程なく、ソフトウェアの開発者や提供元は気づいた。検索結果で上位表示される必須要件のひとつは高評価だ、と。「見つけやすさ」は今も昔もApp Storeについて回る問題のひとつなのだ。ソフトウェアの提供元は、ランキングを上げ、検索結果で少しでも上位に食い込むためなら何でもやる。

そんな評価獲得競争の板挟みとなった哀れなユーザーは、評価しろ、評価しろとうるさくせがまれ通し、というわけだ。もっと悲惨なのもある。「このアプリは気に入りましたか？」と訊いてきて、ユーザーが「はい」と答えようものなら、「今はしない」のボタンがどこにもない評価画面に切り替わる悪質なポップアップだ。

　あなたのアプリやサイトを心底気にかけてくれているユーザーなら、肯定的なものであれ否定的なものであれ自分から進んでレビューを書いてくれるはずだ。そのためのリンクをどこかに置くのなら問題はない。だが、上で紹介した画面いっぱいに開く「評価強要」のポップアップウィンドウは、ユーザーではなくアプリや会社のためにしかならない。頼むからやめてくれ。

ポイント

- ユーザーはアプリを使っている最中なのだ、邪魔するな
- レビューや評価をしつこくせがむのはやめろ
- 自分の組織のニーズではなく、ユーザーのニーズを第一に考えろ

082
起動画面で自社のミッションや
ビジョンの宣伝なんかするな

　iOSやAndroidのアプリを起動するとフルスクリーンで表示される、派手なグラフィックのスプラッシュスクリーン。「会社のロゴやブランドメッセージ、ビジョンを見てもらうにはもってこいの場所だ」なんて思っている人はいないだろうか？

　とんでもない！　やめろ。

　ユーザーは「弊社のビジョン」だの「より良き世界を」のスローガンだのには関心なんてない。アプリを起動し、何にせよ、そこでできる作業をやりたいだけだ。

　だから、自分のアプリの通常の作業画面を（実体はまだ読み込まれていなくても）形だけそっくりそのままスプラッシュスクリーンで再現すればよい。タップした瞬間からいつものインタフェースが（一部分は形だけ）表示され、その後読み込みが完了すれば「本物の」インタフェースに移行している、というこの方式なら、ユーザーは読み込み速度が上がったように感じるはずなのだ。

　UIは素早く読み込ませなくてはいけない。それでユーザーインタラクションの一部に、準備の間に合わないものが出るようなら、そこをユーザーがクリック（タップ）したらスピナーが表示される、という具合にすればよい。たとえばワープロアプリなら、文字入力は起動直後から受け付けるが、ユーザーが早い時点で表機能のボタンをクリック（タップ）してしまったら、見栄えの良い「表を追加」のダイアログボックスを開いてもう少し待ってもらう、といった工夫だ。ただし起動直後に専用のログイン画面を表示しなければならない場合は、ここが企業ブランディングの好機のひとつかもしれない。

ポイント

- 起動画面で会社関係の情報を表示するのなんてやめろ
- ユーザーが起動直後に極力素早く作業を開始できるよう力を尽くせ
- 自分の組織のニーズではなく、ユーザーのニーズを第一に考えろ

083
「弊社のビジョン」に関心のある
ユーザーなんていない

「より良き世界を」はIT企業の口癖。これは米国の大手ケーブルテレビ会社HBOが制作
している起業家コメディドラマ『シリコンバレー』でたびたび出てくるジョークだ。主人
公の主なライバル、ギャビン・ベルソンなど、「おれたちじゃなく別のやつらが『より良
くした』世界になんか生きていたくない」とまで言ってのける。

この手の「使命」や「ビジョン」── 自分たちがいかに世界をより良く変革しようと尽力
しているか ── をユーザーにくどくど説いて聞かせるアプリやサイトが跡を絶たない。だ
がユーザーから見たら知ったこっちゃない、やめてほしい。役に立つ製品とは、ユーザー
が解決したいと望んでいる課題（JTBD：jobs to be done）を解決してくれる製品のはずだ。
こういう情報過多のパターンは、客観性の欠如を物語る症状以外の何物でもない。

たとえばあなたの作ったマッチングアプリを、ある人がインストールしてくれたとす
る。この場合、このユーザーの念頭にある基本的かつ明確な目標（JTBD）は「自分のプロ
フィールを作成し、他の登録メンバーと出会うこと」だろう。「人と人との出会いの場を
創出する」といった御大層な使命を掲げ、手に手を取って浜辺をそぞろ歩く「ふたり」のス
トック写真をべたべた貼り付けたマルチスクリーンの「使い方ガイド」なんて願い下げな
のだ。

一方、かのGoogleはサービスを始めた当初、そのシンプルなUIと抜きん出た検索結果
とでユーザーを引きつけた。

当初のUIはこんな感じだった（**図83-1**）。

158　7章　ユーザーへの情報提示

図83-1 サービス開始当初のGoogleの検索ページ

　これと言ったブランドがあるわけでもなく、ロゴもかなりお粗末で、れっきとした社是や経営理念があるわけでもなかった。しかし目玉機能があった。どんなライバルの追随も許さぬ「関連性の高い検索結果」が。まさにそのおかげで勝ち馬となった。

　UXのプロである我々にとって競合他社とのフェアプレーも大切だが、真のUX改善効果が見込めるのは「シンプルが一番」の姿勢であり、この項のルールもまさにその好例なのだ。既に何度か言ったが、もう一度言う。UXのプロにとって何よりも大事なスキルは客観性だ。ユーザーの立場になって考えろ。

ポイント

- 企業理念の押し売りなんてするな
- ユーザーの関心事はその製品の「果たす役割」なんかじゃなく、その製品で解決できる課題（JTBD）だ
- 客観性を重視せよ。自分の立場ではなく、ユーザーの立場になれ

084
通知項目は細かく指定できるようにせよ

通知(ノーティフィケーション)は(デスクトップでもモバイルでも)アプリが閉じられている間やバックグラウンドで実行されている間に、状況の変化をユーザーに逐次報告するのにぴったりな方法だ(とくにモバイルアプリではよく見かける)。

そんな通知の、ユーザーによる無効化や微調整をどの程度可能にするかは、慎重に検討する必要がある。通知するに値するものとして重視するイベントは、ユーザーごとに異なるし、時の経過とともに変わってもいく(図84-1)。

図84-1　通知の例

インスタグラムに投稿した自撮り写真に「いいね！」が付くたびに通知音が鳴ったらうれしい、などと考えるユーザーはまずいないだろう。だが、ダイレクトメッセージはそれほど頻繁に届くわけではないから、そっちの場合は通知音が鳴るようにしてもよい、と思うユーザーならいるかもしれない。

ユーザーはシステムのレベルでもブラウザのレベルでも「通知をすべてオフ」にできる。通知に関する細かな設定ができないアプリだと知ったユーザーが「通知をすべてオフ」にする確率はかなり高い。実装するにはそれだけ余分な技術的作業を要するが、ユーザーが通知の設定を思いどおりに調整できるアプリは、それだけでもうライバルを引き離せるはずだ。

ちなみに(とくにモバイルアプリで)リピーター確保の秘訣はユーザーに大量のプッシュ通知を送り付けること、などと説く者もあるようだが、私がこれまでに見聞きした限りで言えば、こんな手法はUXの点でもユーザー維持率の点でも逆効果だ。

最後にもう1点。どのような通知を受け取るか細かく設定ができれば、ユーザーはアプリの雑音(ノイズ)の低さに満足し、「通知をすべてオフ」にしてしまう率が下がるだろう。

ポイント

- 通知項目は細かな設定を可能にせよ

- 大量のプッシュ通知をユーザーに送り付けるのはやめろ

- ユーザーはシステムの設定で「通知をすべてオフ」にできる、という点を忘れるな

8章

アクセシビリティ

085
クリック可能なリンクのテキストは 「読み上げ」機能に配慮して

Q：次の2つのリンクテキストはどう違うか？

- 弊社のパンフレットのダウンロードは［ここをクリック］
- こちらから［弊社のパンフレットをダウンロード］できます

A：1番目の例は視覚障害者にとっては使いにくい。

音声読み上げソフトには「ページ内にあるクリック可能なリンクに番号を振り、リンク番号とともにリンクテキストを順番に読み上げる」という機能が備わっていることが多いが、リンクテキストは前後とは無関係に単独で意味を成すものでなければならない。上にあげた例で言うと、1番目のリンクは「ここをクリック」、2番目のリンクは「弊社のパンフレットをダウンロード」と読み上げられる。1番目の「ここをクリック」では訳がわからない。

もうひと組、ブログ投稿記事の目次の例を見てほしい。

- ブログ記事 1
  ［続きを読む］
- ブログ記事 2
  ［ブログ記事 2 を読む］

2番目の例のように、読み上げるべき対象が具体的に何なのかを繰り返す形で書けば、ユーザーにも内容がしっかりわかり、「続きを読む」「続きを読む」と繰り返されるだけ、という事態を予防できる。

最後にもう1点。リンクテキストの表現を記述的にすれば、検索用のインデックスがより的を射たものになる、という効果も得られる。

ポイント

- 「ここをクリック」のリンクは避けろ
- リンクテキストは、前後とは無関係に単独で意味を成す記述的なものにせよ
- そうすれば、アクセシビリティだけでなく検索エンジンによるインデックス化の精度も向上する

086
読み上げ機能に配慮して
［本文へ進む］のリンクを追加せよ

　前項でも触れたが、視覚障害を抱えたユーザーの中には、UI要素のテキストを音声読み上げソフトに読ませる人がいる。

　その際に生じ得る問題のひとつが「リンクやコンテンツが整理整頓されず雑然としているページでは、音声読み上げソフトの利用者が『迷子』になりがち」というものだ。どんなユーザーにもナビゲーションを見つけやすくするためのヒントや手段が必要だ。一般ユーザーの間で広く受け入れられているヒントは「ナビゲーションの位置」だが、視覚障害者の「メンタルモデル」は当然それとは違う。

　そのため（音声読み上げソフト専用でよいから）「本文へ進む（skip to content）」のリンクをページトップに用意すれば、一般ユーザー向けのナビゲーションを簡単にスキップしてもらえる。ページを読み込むたびにメニュー項目をすべて読み上げられてはたまらない。

　W3Cでは、視覚障害のない一般ユーザーに配慮して「本文へ進む」のリンクを非表示で設置するために次のCSSを推奨している。

```
#skiptocontent {
  height: 1px;
  width: 1px;
  position: absolute;
  overflow: hidden;
  top: -10px;
}
```

ポイント

- サイトやアプリのページトップに「本文へ進む」のリンクを追加せよ
- CSSの位置指定を活用して、「本文へ進む」のリンクが表示されないようにせよ
- 作成中のサイトやアプリのテンプレートにこのCSSを含めれば、どのページでも自動的に利用できるようになる

087
色覚障害者に配慮して色情報は補助情報と見なせ

　色情報を単独では使うな、などと言ったら、直感的UIデザインの趣旨に反すると言われそうだ。というのも、大抵のデザイナーにとっては「警告」のアラートを赤色に、「成功しました」系のメッセージを緑色にするのが「第二の天性」ともなっているからだ。もっとも、色はほとんどのユーザーにとっては簡略な伝達手段(ショートハンド)になり得るが、色覚障害者を不利な立場に追い込む恐れもある。たとえば赤と緑を十分に区別できないタイプの色覚障害者は、赤くて丸いステータスインジケータと緑色のそれを区別しにくい。

　最善の対処法は「色はあくまで追加情報とし、色情報を単独では使わない」というものだ。こうすれば少数派を不利な立場に追いやることなく大多数のユーザーに使ってもらえるサイト（アプリ）に仕上げられる。同じ理由で、筆者は「リンクには下線を引け（また、できれば本文テキストと別色にせよ）」ともアドバイスしてきた（それも単に「本文テキストとは別の色」ではなく「本文テキストとは明確に区別できる色」だ）。

　たとえばシステムのステータスが正常であることを示す丸い緑色のインジケータには、必ずテキストラベルを添えなければならない（**図87-1**）。

図87-1　左のUIは色覚障害のあるユーザーにはわかりにくい

　配色を意識的に工夫すれば優れた補助的情報源を作り出せる。つまり、ユーザーにサイトやアプリの構成要素をより素早く識別してもらうため、あるいは情報をごくシンプルな形で把握してもらうための、有効な視覚的手がかりを作り出せるのだ。この項を書いたのは「色の区別がしにくい人々もいる（現時点で米国だけでも何らかの色覚障害を抱えた人が2,700万人いる）。したがってメッセージを伝える際に色情報だけに頼るべきではない」

という点を読者の皆さんに認識してもらいたかったからだ。

ポイント

- 色情報を単独では使うな
- 色情報は必ず他のインジケータと併用せよ
- ただし、ユーザーにとって色が貴重な補助的情報源となり得ることは事実だ

088
画面表示の拡大・縮小は常に
可能にせよ

```
<meta name="viewport" content="width=device-width, initial-scale=1.0,
  maximum-scale=1.0, user-scalable=no" />
```

このメタタグをHTMLのhead部に加えると、Androidユーザーは文字の拡大・縮小ができなくなる。視覚障害を抱えたユーザーも例外ではない[*1]。

こういうアプリやソフトは稀にはなったが、完全に姿を消したわけでもない。こんなことをするデザイナーは次のどれかだ。

- レスポンシブ対応ができていない。その手法がわからないせいかもしれない
- アクセシビリティがどういうことなのか、理解できていない
- おバカ

こんなデザイナーにはなるな。画面の表示や操作のしかたはユーザーに任せろ。デスクトップアプリやモバイルアプリでもこうした拡大・縮小を可能にせよ。iOSでもAndroidでも各種アクセシビリティ機能をサポートしているのだから、これを使ってもらうようにすれば、活字の大きさやコントラストに関する各ユーザーのニーズや好みを尊重できる。

ユーザーがコンテンツをどう表示させたいかなど、デザイナーには知る由もない。だから予断や決めつけは禁物だ。あらゆるサイズのデバイスで1ピクセルもずれることなく完璧に表示できるデザインなんて土台不可能なのだから、たとえばページの拡大・縮小をできなくするといった類の小細工は墓穴を掘る行為に等しい。アクセシビリティ向上のための調整に関してはよくあることだが、拡大・縮小を常に可能にすれば、視力等のレベルに関係なくあらゆるユーザーのUXを改善する効果が得られる。

[*1] 訳注：iPhoneのSafariでも、以前は拡大・縮小ができなくなったが、iOS 10からはこれを指定しても拡大・縮小ができるようになった。なお、たとえばゲームでは、画面が拡大されてしまうとプレイが困難になるような場合があるため、JavaScriptを駆使してこの機能をオフにしているケースがある模様。原著者の主張は「一般的なアプリやサイトで」と解釈したほうがよいと思われる。

168　8章　アクセシビリティ

ポイント

- あらゆるサイズのデバイスで1ピクセルもずれることなく完璧に表示できるデザインなんて土台不可能だ。「ユーザーが望んでいるのは、自分の思いどおりに表示できること」という現実を受け入れろ
- アクセシビリティ機能をサポートしているデバイスでは、それを使ってもらうようにせよ
- 作成中のアプリ（サイト）のインタフェースは、各種サイズのデバイスで、各種支援技術を使ってテストせよ

089
Tabキーでの移動の順序は
支援技術の利用者を念頭に置いて

こんな実験をしてみてほしい。いつも使っているブラウザで任意のウェブサイトを開き、Tabキーを連打する。すると入力対象になった（フォーカスが移動した）ことを示す枠線（や、ほかとは異なる背景色）がページ上のひとつの項目からまた別の項目へと移動していくはずだ。

視覚障害や運動障害を抱えたユーザーは、このようにTabキーを連打してフォーカスを移動しては読み上げさせる、という形でウェブページを利用することがあるが、読み上げの順序が正しくないとコンテンツの意味がきちんと把握できない。その意味で常識を働かせ論理的なタブ順序を設定できるかどうかはひとえにインタフェースデザイナーの腕にかかっている。だから悲惨なサイトやアプリがある一方で、きめ細かな配慮の跡が見て取れるサイトやアプリもあるわけだ。

それでなくても面倒なフォーム入力のページで、Tabキーを押していったらフォーカスがとんでもない所へ移ってしまった —— そんなことになったら怒り倍増だ。次のようにtabindex 属性でタブによる移動順序を正しく指定する必要がある（読者が自分でコードを書かない場合は現場の開発者にそう命じるべきだ）。

```
<input type="text" name="field1" tabindex=1 />
<input type="text" name="field2" tabindex=2 />
```

タブによる移動の順序が論理的になっているか、十分チェックすることが大切だ。そうすれば支援技術を利用しているユーザーのUXを大幅に改善できる。

ポイント
- UI要素上のタブによる移動の順序は、コンテンツの正しい理解を促すものでなければならない
- これはとくにアクセシビリティの点で不可欠な要件だが、タブによる移動が論理的で明快なフォームなら、一般ユーザーにとっても使いやすいはずだ
- テストでは実際に各種支援技術も使え

090
コントロールのラベルは支援技術の利用者を念頭に置いて

　前項に続いてもうひとつ、ほんの少し改善するだけで、支援技術の利用者の使い勝手が格段に良くなるUI要素がある。コントロールのラベルだ。

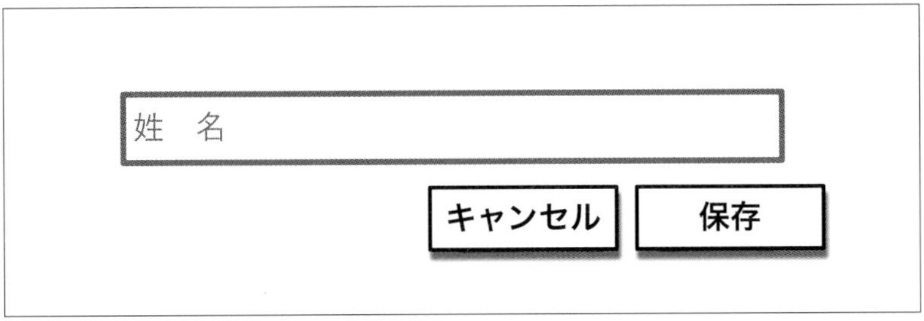

図90-1　好ましくないラベルの例

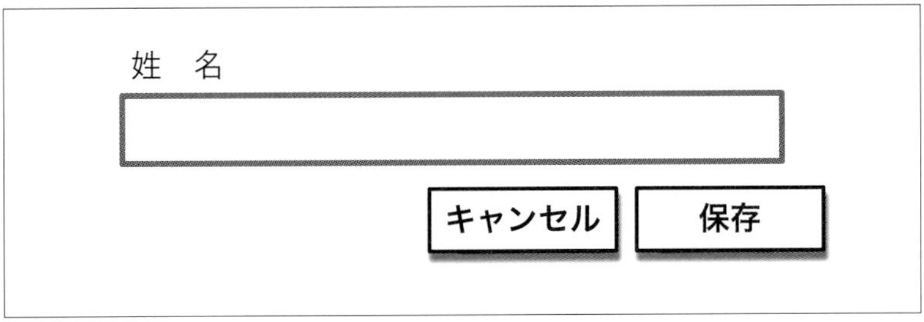

図90-2　こちらのほうがよい

　未入力時の入力欄にあらかじめ代替テキスト（「ウォーターマーク」）が表示されるようにすると、確かにすっきり片付いた感じにはなるが、こういう機能をサポートしないブラウザもあるし、フォーカスがその入力欄に移ったとたん、代替テキストが消えてしまう。
　そこで入力欄の上にはテキストを添え、しかも入力欄に未入力時に代替テキストを表示するという形にすれば、どういう種類の情報をどのように入力すればよい欄なのかをユーザーに明示できる（**図90-3**）。

図90-3　明快なラベルと有用な代替テキストを併用している例

　音声読み上げソフト(スクリーンリーダー)は代替テキストを読まない、読むのはラベルだ、という点を意識して、明快なラベル作りを心がけることが大切だ。私自身、とくに障害を抱えてはいないが、入力欄をタップしてから指を止め、「待てよ。これ、何を入力する欄だったっけ？」と首をひねった経験なら何度もある。アクセシビリティ向上のための調整ではよくあることだが、こうした取り組みには、障害の有無に関係なくあらゆるユーザーのUXを改善する効果があるのだ。

ポイント

- 音声読み上げソフトはラベルを読み上げる。代替テキスト（プレースホルダ）は読まない
- 入力フィールドにラベルを添えれば、視覚障害者だけでなくあらゆるユーザーの役に立つ
- 代替テキストは、ユーザーがフィールドへの入力を始めると見えなくなってしまう

9章

エピローグ

091
ユーザーの予想や期待に反した動作をさせるな

　これはメタルール（高次のルール）だ。あなたの作った製品を初めて試すユーザー（予備軍）は、過去の経験という重たい「お荷物」を背負っている。あなたの対処のしかたは2通り──「あえて闘いを挑む」と「長いものには巻かれる」だが、UXのプロたるあなたのなすべき務めは後者である。

　では具体的に、ユーザーがほぼ確実に背負っていると思われる、その過去の経験とは……

- コンピュータやスマートフォンを使った経験
- ウェブベースの製品やアプリを使った経験
- あなたの製品にやや類似する製品を使った経験
- あなたの製品に酷似する製品を使った経験

　これだけのものを背負っている可能性のあるユーザーを前にして、わざわざ事を難しくする必要はない。

　酷似する製品を過去に何年も使った経験のあるユーザーがあなたの製品を使う場合、その使い方は、ユーザーが使った経験のある製品とよく似ているのがよいのか、それとも大きく異なるのがよいのか。

　答えは「よく似ているのがよい」だ（**図91-1**）。

　あなた自身が新手の製品やインタフェースを創り出すわけでも、ある製品分野全体に大変革をもたらすわけでもないから、かっこいいことでも胸躍ることでもない。あなたがするべきは、UXのプロとしての務めを果たすこと、つまりユーザーが長年の経験を通じて熟知し愛着を抱くようになった「定着した慣行」を土台にして製品を構築することだ。

　あなたが目指すべきは「車輪の再発明[*1]」ではなく、ユーザーが使い勝手を熟知している「車輪」を提供することだ。一方でユーザーは、やりたい作業（JTBD：jobs to be done）をやらせてくれて、ほんの少しだが日々の暮らしを改善してくれるツールを手に入れる、というわけだ。

---

　*1　確立された技術や解決法を利用せず、同様のものをあえて一（いち）から作り直すこと。

図91-1 iOS、Android、Tizen（インテル主導のOS）のホーム画面。このように製品同士が似通っていることには、それなりの訳がある

ポイント

- あなたの製品を初めて試すユーザーは、過去に他の製品を使った際の経験という「お荷物」を背負っている
- ユーザーが過去に使った他の製品の使い方を手本にせよ
- 「車輪の再発明」なんてするもんじゃない

092
デフォルト設定を過小評価するな

「デフォルト」の影響力はとかく見落とされがちだが、その実、製品のUXを大いに左右する。

気の利いたデフォルト設定（ユーザーが明示的に指示していない項目に関する設定）の事例を3つあげてみよう。

- 私が自分の車に乗り込むと、スマートフォンがデフォルトで手持ちの通話から車のスピーカーでのハンズフリー通話に切り替わる。もちろん変更も可能だが、この設定は便利だ
- サイト分析ツールにサインイン（ログイン）すると、デフォルト設定により「期間」は今週、「比較用の期間」は先週となって、それぞれのデータが表示される。デフォルトの期間が「今日」で、過去のデータが何も表示されなかったら、使う気が失せてしまうだろう
- スマートフォンの電話アプリの「通話履歴」で、ある相手の名前をタップすると、その人に電話をかけてくれる。メッセージやビデオ通話が起動されることはない（そうしたオプションはコンテクストメニューにしまい込まれている）

デフォルトの選定作業は、次の3つの要因のバランス取りと言える。

- この設定をデフォルトにしてほしいと望むユーザーが何人ぐらいいると思われるか（あるいは、調査や分析の結果、何人いると判明したか）
- この設定を別の選択肢に変更することがユーザーにとってはどの程度難しいか
- 別の選択肢の「ユーザーによる見つけやすさ」はどの程度か

以上3つの要因をじっくり比較評価することがUXのプロとしての我々の務めだ。その際、頼りになるのはエビデンスと、プロとしての勘だ。

新手のものだから、というだけで、新しい特長や機能を採り入れたい、デフォルトにしたい、と思う気持ちもわからないではないが、やめておけ。新しいだけで歓迎するユーザーはいない。有用かどうかがユーザーにとっては大事なのだ。

「このアプリ、アップデートしたら○○しなきゃならなくなっちゃって」というユーザー

の不平不満は、皆さんもこれまで何度も耳にしていることだろう。もしもこの○○が、アップデート後のデフォルトではなくオプションであったなら、ユーザーも歓迎してくれていただろうに。

　最後にもう1点。大多数のユーザーはわざわざ設定メニューを開いたりせず、当初のデフォルト設定のまま使うものだ。つまり大抵のユーザーにとってはデフォルトが唯一の設定と見なしてよい。だからデフォルト値の選定はしくじれない。

ポイント

- デフォルト設定は考え抜いて慎重に選定せよ
- ほとんどのユーザーはデフォルトをいじることまでしない
- デフォルト値は「ユーザーによる見つけやすさ」と「使用頻度」のバランスに配慮して決定せよ

093
気の利いたデフォルト設定で
ユーザーの作業負担を軽減せよ

　熟慮に熟慮を重ねたデフォルト設定は、ユーザーがこなさなければならないタスクの数を大幅に減らす効果がある（「092 デフォルト設定を過小評価するな」を参照）。

　たとえば通販サイトで「子供用パジャマ」を検索したとしよう。この時、次のような条件で検索が行われ、（通常、左側に置かれる）絞り込み用の「フィルターパネル」にもこの設定が表示されたらとても便利だろう。

- カテゴリー：子供服
- 年齢：2〜15歳
- 在庫：あり

　このような「賢いデフォルト」がなければ、ユーザーは条件を全部自分で設定してから検索しなければならない。該当するコントロールを探し出しては選択する作業を繰り返す必要がある。難しくはないが、時間は取られる。

　ユーザーテストやA/Bテスト、実際の利用状況のデータ分析の結果を活用すれば、利用頻度の高いユーザージャーニーを見極め、大多数のユーザーに最適なデフォルトの選定は可能なはずだ。

　この種の調査の結果には、大抵「80:20の法則」「パレートの法則」などと呼ばれる理論が当てはまる。つまり、ユーザージャーニーの上位20%を最適化するだけでも、ユーザーの80%に好影響を与えられるのだ。

ポイント
- 気の利いたデフォルト設定には、ユーザーの作業負担を軽減する効果がある
- ユーザーテストやA/Bテスト、実際の利用状況のデータ分析の結果から得た知見を活用せよ
- 多くの場合、焦点を絞った限定的な見直しを行うだけで、製品全体のデフォルト設定を大きく改善できる

094
UIデザインではベストプラクティスの
採用は盗用にはならない

　長年の経験を通じて私が知ったこと。それはデザイナーたちが「借用厳禁」を「実務指針」のひとつだと思い込んでいることだ。現場見習いの時代から、自分なりのデザインスタイルを見つけろ、借用は度を過ごすな、と教え込まれる。模倣はやめておけと諭され、他のデザイナーのまねをすると眉をひそめられ、盗用と決めつけられることさえある。

　UXにおいては、これは「ベストプラクティス」の対極に位置するものだ。インターネットのUXに関する「ヤコブの法則」(https://www.nngroup.com/videos/jakobs-law-internet-ux/)も、こう説いている。

> ユーザーは（あなたのサイト以外の）他のサイトを見ることに大半の時間を割いている。これが何を意味するかというと、ユーザーにとってうれしいのは、あなたのサイトが既知の他のすべてのサイトと同じように動作することなのだ。

　ユーザーが人生の大半を費やしているのはあなたの製品ではなく、他のサイト、他のウェブアプリ、他のモバイルアプリだ。そんなユーザーにとって馴染みが一番薄いのは、ほかならぬあなたの製品なのだ。

　だから確立され定着したパターンを土台にしたサイトやアプリの作り方に倣うよう心がけなければならない。たとえば次のようなパターンだ。

- 簡単に入力ができ、フィールド間や「送信」あるいは「保存」ボタンへの移動が容易なフォーム
- 設定のオン・オフを選択するトグルコントロール
- ユーザーに商品の価格と総計を明示し、隠された手数料等のない商品ページ
- リンクはリンクらしい、ボタンは本物のボタンに似た体裁の、一目瞭然のコントロール
- 迅速に完了し、関連性の高い順に結果を表示する検索機能

　本書の101のルールは、多くが（現実の世界での慣行や経験も下敷きにしてはいるものの）現場で確立され定着したベストプラクティスを集め、そこから選り抜いたものだ。あ

なたの製品の動作や使い方も、ユーザーが使い慣れて熟知している他の製品のものに揃え
てほしい。

ポイント

- 恐れず遠慮せず、他の製品のベストプラクティスをどんどん「借用」せよ
- ユーザーは使い慣れて熟知している他のサイトと同じ動作や使い方をあなたのサイト
  にも期待している
- そのためには、確立され定着したパターンを土台にしてサイトやアプリを構築するべ
  きだ

095
是が非でも「フラットデザイン」を採用
したければ視覚的シグニファイアを

装飾的要素を極力削ぎ落とした表現スタイルである「ミニマリズム」は、概して効果的で、視覚的な「混雑」や「雑音」を減らすことでユーザーが目標物を見つけやすくなる。ただしUI要素の使い方がわからなくなるほどシグニファイア（操作の手がかり）を削ぎ落とすことが「ミニマリズム」なのではない。

ミニマリズムの流れを汲み、シンプルな美しさを目指す「フラットデザイン」（「022 ボタンにはボタンらしい体裁を」を参照）には視覚的シグニファイアを省く傾向があるが、さらにそのまた先を行くのが「ブルータリズムデザイン」だ。これは1900年代半ばに生まれた建築様式の「ブルータリズム」に触発されたウェブデザインのトレンドで、あえてスタイリッシュであることを避け、荒削りで強烈な見た目を重視する。その好例がCraigslist[*1]だ。

「デザイナー向けのジョーク」としてならともかく、こうした極端なミニマリズムはあまりにも押しつけがましく、フラットデザインがそうであるように、視覚的なシグニファイアを取り除くことで「ユーザーにとっての見つけやすさ」を低下させる嫌いがある。

まずは、広く使われているGoogleカレンダー（iOS版）のUIを見てみよう。隅々にまでフラットデザインを採り入れている。ということはつまり、タップの可能な要素とそうでない要素が非常に見分けづらい、ということだ（**図95-1**）。

「メール」や「削除」など使用頻度の低いUI要素を「通常は非表示」とすること自体に問題はないが、ここではそうした要素の「ユーザーにとっての見つけやすさ」が低下してしまっている。UI要素をリストアップしたメニューが、なんと右上にあるラベルなしの小さな省略記号（...）なのだ。

「統一」の点でも問題がある。「編集」の機能を起動させる「鉛筆」のアイコンはタップ可能で、うっすらとドロップシャドウが（視覚的シグニファイアが！）付けてあるが、それ以外のタップ可能な要素にはどれにも付けていない。

[*1]　不動産や不用品の売買、求人、イベント、出会い系などなど、地元の個人間のさまざまなやり取りを目的に、膨大な数の投稿が行われている巨大なコミュニティ掲示板。

図95-1　Googleカレンダー

これを、オンライン決済プラットフォームStripe（https://stripe.com）の設定画面と比較してみよう（**図95-2**）。

図95-2　stripe.comの設定画面

　ミニマリズムとシグニファイアのバランスがよく取れているし、ページ全体が平明で簡素だ。その理由をいくつかあげてみよう。

- 画面が論理的にうまく区切られている
- クリック（タップ）可能なボタンが一目瞭然
- 「削除」の機能を示すアイコンとして「×」を使っている。しかも［削除］というテキストラベルも添えてある
- ［更新...］のボタンで、テキストのあとに省略記号（...）が添えてある（ここをクリックすると、作業完了にはもう1段階の処理を要する、という意味だ。詳しくは「006 まだ先があることは省略記号で表せ」を参照）

　この画面も、ボタンのスタイルが多少一貫性に欠けるなどの問題点があり、完璧とは言えないが、全体的にはGoogleカレンダーのインタフェースより優れている。このページでのユーザー体験は、まず間違いなくGoogleカレンダーの場合より良好だろう。

095 是が非でも「フラットデザイン」を採用したければ視覚的シグニファイアを　**183**

ポイント

- 「視覚的シグニファイアはあらゆるUI要素に不可欠」という点は今でも変わらない
- アプリ（サイト）内でインタフェースを統一すると、ユーザーは使い方をすんなり覚えてくれる
- ミニマリズムも行きすぎは禁物。バランスが大切だ

096
「ファイルシステム」が理解できない
ユーザーは少なくない

　コンピュータのファイルシステムでは、システムが使う何千、何万ものフォルダやファイルのほか、アプリとその関連ファイル、ドキュメント、画像、ミュージックのファイルなどが、複雑な木構造で配置されている。だがこの構造を理解しているユーザーは少なく、そもそもユーザーが理解する必要もない。

　私はこれまでに実施したユーザーテストで、Microsoft Word を情報の探索や抽出の主たる手段として使っている人に出会ったことがある（一人だけではない）。Word を起動し、ドキュメントを見て回る手段として「開く」のコマンドを使う。画像に出くわしたら、それを Word のドキュメントの中に取り込む。その画像を送りたければ、それを取り込んだ Word のドキュメントごとメールで送信してしまう。コンピュータを熟知している人なら多分「頭おかしいんじゃないの」と思うような使い方だ。

　だが Word でドキュメントを書き、保存、利用するだけで大抵は事足りる、というユーザーにとっては、これが自然な使い方なのだ。こういうユーザーはコンピュータのファイルシステムなど知りもしないし知る必要もない。だが頭が悪いわけではない。コンピュータでファイルがどのように保存されるのか、その仕組みを知らないだけだ。

　iPad（とその後のすべてのタブレット）は「コンピュータが不要な人々のためのコンピュータ」として一世を風靡したが、その一因は「iPad を始めとするタブレットがユーザーに対してファイルシステムを隠していること」だった。iPad にはファイルを見る手段がまったくなく、あるものといえばアプリと、そこに格納されているドキュメントだけだったのだ。だからうっかり重要なシステムファイルを削除して iPad を壊してしまうようなこともなかった。

　やがて iPad でも利用可能なウェブストレージサービス iCloud が登場し、これで事が多少複雑化したものの、全体的な原則は今もって変わっていない。「アプリを起動し、そのアプリで作成したドキュメントはアプリ内に格納される」という原則だ。包括的なファイルシステムは存在せず、これがユーザビリティの点で大成功につながった。

　この項のルールを紹介した理由は、あなたの製品全般とその情報の保存方法についてユーザーが頭の中で組み立てるメンタルモデルのことも考えてほしいから、だ。ユーザー

はあなたの製品に初めて接する時、その製品が情報をどのように保存し読み出すかに関するメンタルモデルを自分なりに組み立てなければならない。ファイルをアプリ内に保存する方式なのか、それとも過去の作業の成果をダウンロードする方式なのか。スマートフォンで始めたタスクを、デスクトップで引き継げるのか。こういったことを我々はユーザーに明示する必要がある。

　これを実践する上で必須と呼べるようなルールはないが、本書の他の100のルールはぜひこの場面にも応用してほしい。

ポイント

- 多くのユーザーは自分のデバイスのファイルシステムなど理解していないし、理解する必要もない
- 作業の成果がどこにどのように保存されるのかをユーザーに明示せよ
- この項のルールを紹介したのは、複雑なものの中で、何をユーザーに対して非表示にすればUXを改善できるのか、じっくり考えてほしいからだ

097
「それ、モバイルでも動く?」は
もはや過去の質問

　「モバイルファースト」「モバイルフレンドリー」「レスポンシブデザイン」は、もはや「言及する価値のある事柄」ではなくなり、「あって当然の必須要件」となったようだ。今や何でもかんでもレスポンシブでモバイルファーストであって当然、「モバイルで動かないこと」は致命的な「バグ」、ましてやSEOの点では「死刑判決」と見なされる。

　最新のフロントエンド開発用フレームワークを使えば、デバイスの画面サイズに依存せず、各種コントロールをモバイルに最適なサイズに調整してくれ、「グレイスフルデグラデーション(小さな画面には不向きな要素を非表示にする対応)」をしてくれるウェブアプリ(サイト)を、単純明快なやり方で構築できる。また、レスポンシブデザインを採用すれば、UIがさまざまな画面サイズに合わせて自動的に調整されるので、わざわざ「モバイル版」を用意する必要もない。

　しかもモバイルユーザーにしてみれば、ウェブアプリのほうがネイティブアプリより手軽で便利な場合が多い(ただし、デバイス独自の機能へのアクセス、重い数値計算など、ネイティブアプリを必要とする理由はさまざまだから、これは厳密なルールではないが)。ともかくウェブアプリのほうがより良い選択肢なのではないかと常に自問してみるべきだ。ウェブアプリならインストールも App Store への提出も不要だし、プラットフォームの種類を選ばずウェブブラウザと連携するし、ユーザーのダウンロードも不要で瞬時にアップデートできる。

　さらに、「モバイルファースト」の視点にはデザイン段階の作業を軽減、簡素化する効果があるという点も指摘しておきたい。ユーザーの側にも「モバイル版のほうがシンプルでスッキリしているから」とモバイル版を選ぶ人が結構いる(これまでに実施したユーザーテストでも、そんなユーザーをこの目で見てきた)。

ポイント

- 「モバイルでも動く」はもはやオプションではなく必須の要件だ
- 「モバイルでも動く」アプリやサイトは、最新のフロントエンド開発用フレームワークを使えば単純明快な方法で構築できる
- 最初から「モバイルファースト」の視点に立つことで、全体のデザインプロセスにも好影響が及ぶ

098
メッセージ機能では定着済みの
パターンを踏襲せよ

　メッセージ機能に関しては、改良に次ぐ改良の末、既に一定のパターンが確立、定着したと言えるほど完成の域に達した。それを知ってか知らずか、あえてまた一から作り直そう、あるいは自己流の変テコなメッセージ機能を作ろうとする輩が跡を絶たず、ユーザーの大いなる混乱や不満を招いている。

　では既に定着した踏襲するべきパターンとはどんなものか、以下にあげてみよう。

- 未読メッセージの件数を表示する
- 起動すると「受信トレイ」が開き、そこに相手ごとにまとめられたメッセージが日時の新しい順に表示される
- 「受信トレイ」のリストには（可能ならば）最新のメッセージの冒頭部分が表示される
- 「受信トレイ」で、ある項目（相手）を選んでタップすると、その相手とやり取りしたメッセージがすべて日時の新しい順にリストされる
- 「受信トレイ」で、ある項目（相手）を選んでタップし、メッセージを読むと「未読」が消え、未読メッセージの件数がひとつ減る
- 「受信トレイ」で、ある項目（相手）を選んでタップすると開くスレッドにはテキスト領域（入力フィールド）があり、ここにメッセージを書き込めば相手に返信できる
- そのテキスト領域は「改行」することができる。したがって書いている途中で「改行」やreturnをタップしても未完成のメッセージが送信されてしまうことはない

　以上、単純だが有用で、広く利用されているパターンだ。こうした既に確立され定着した簡素なパターンを無視して自己流の「斬新」で「革新的」なメッセージ機能を作り、ユーザーを混乱させるなんて、お願いだからやめてくれ。

ポイント

- 完成の域に達したメッセージ機能があるのにわざわざ新しく作るなんて、やめてくれ
- 既に確立され広く普及しているパターンを踏襲せよ
- 「改行」やreturnをタップすると未完成のメッセージが送信されてしまうのは困る

099
「ブランド」になど振り回されるな

ここで言う「ブランド」は、効果的なロゴや文字商標(ワードマーク)、キャッチフレーズなど、視覚的なアイデンティティのことではない。その効果なら、私も喜んで認める。今ここで取り上げようとしているのは現代的な意味での「ブランド」、つまりここ10年ほどで広く普及した抽象的で掴みどころのない「ブランド」だ。

その手の「ブランド」は、ある企業を暗に示したり、企業なり製品なり全体の個性(パーソナリティ)を表したりする。製品やサービスを利用する際の「印象」や「感触」も、この手の「ブランド」の構築に一役買う。だから必然的に、中核となるインタラクションの印象や感触はとりわけ重要だ。

この手法はブランディングを請け負う多国籍企業がここ10年にわたって確立したものだが、既に確立され定着しているUXの原則やルールに抵触するという問題をはらんでいる。（現代的な意味での）ブランドに沿った製品を生み出そうとする中で、UXに関する決定権、裁量権を、UXのプロではなくマーケティングやブランディングの担当チームに譲ってしまうことから生じる問題だ。

ただし、Apple、Google、コカ・コーラ、マイクロソフト、Nikeなど、10億人規模の顧客を擁するグローバル企業のメガブランドとなると話は違う。規模、影響力ともに強大だから、製品デザインを左右して当然だ。

だがあなたのブランドは？ 顧客数2,000〜3,000人規模、あるいは数万人規模といった企業もあれば、ささやかな製品を扱う零細企業や、誕生間もないスタートアップもあるだろう。そんな企業や製品のブランドに目を留める者なんて、いるわけがない。それが厳しい現実だ。あなたのブランドなど誰も気にも留めない。ユーザーが着目するのは、あなたの製品あるいはサービスを利用すると何がやれるのか、あなたの製品が暮らしをどう改善し、生産性をどう上げるのか、といった点だ。

つまり、あなたの製品（サービス）を利用する際のUXそのものがブランドとなる。そんなUXのデザインを担当するのは、だからマーケティング担当チームなどではなくUXのプロでなければならない。そしてこれが、ブランディング指針を厳守せざるを得ない時代遅れな巨大ブランドに対して優位に立つための要因となる。

では「ブランディング指針」の具体例をあげてみよう（くれぐれもこんなものに振り回されて製品を台無しにすることのないように）。

ブランディング効果を狙った読みづらいコーポレートフォント
システムに備わったフォントを使えばそれでよい

ブランディング効果を狙った「スプラッシュ」
フルスクリーンで表示される派手な起動画面など必要ない。アプリの通常の作業画面を、まずは形だけそっくりそのまま「スプラッシュスクリーン」で再現すればよい

まるで悪夢の自己流のUIコントロール
既にいくつも実例を紹介してきた。見るに耐えない悪例の数々を……

判読不能の悲惨なコントラスト比
背景色とのコントラスト比が小さすぎて、文字が読みにくいったらありゃしない。そんな状況になったら、ブランディング効果など忘れてしまえ！

奇をてらったコピー
（アメリカじゃドリンクのボトルの裏なんかによく見かけるが）ウケ狙いのおふざけな謳い文句はやりすぎだ

ブランディングには統一感を出す効果があるが、腕の確かなデザイナーなら、ブランディング指針などに頼らなくても一貫性に富んだUIは作れるはずだ。ブランドなんて必要ない。UXに照準を合わせて構築すれば、UXそのものがあなたの製品やサービスのブランドとなる。

ポイント

- ユーザーはブランドなど気にも留めない。ユーザーが着目するのは「製品・サービスを使って何ができるか」だ
- 「効果的なブランド」より「すばらしいUX」のほうが訴求効果は高い
- 守るべきは、ブランディング指針ではなくユーザーだ

100
ダークサイドには加担するな

　世の人々がスマートフォンをチェックする頻度たるや、「すごい」なんてもんじゃない。その一因は「ギャンブル性」だ。スマホを覗いても、● の中に数字の書かれた「バッジ」が出ていない。だが、出ている時もある。誰かがFacebookの投稿に「いいね」を押してくれたらしい。インスタグラムのランチの写真とかペットの写真を気に入ってくれた人もいたようだ。

　バッジが付いているのを見るとうれしくなり、脳内でドーパミンがちょっぴり分泌される。だからまた少したてばついつい期待しながらスマホを覗いてしまう。こんな形で中毒行動のループが強化されていく。

　偶然ではない。今の世の中、ユーザーを中毒にさせることを意図して作られた製品が溢れ返り、ソーシャルメディアなどはその最たるものなのだ。たとえば心理学者のニール・イヤールがその著書^{＊1}で提唱している「フックモデル」を見てみよう。

> 4つのプロセスを踏むフックモデルを製品に組み込むことで、人間の行動を習慣付けできる。こうしたフックモデルのサイクルを継続的に実施すれば、高くつく広告やメッセージ攻勢に頼らなくても、リピーターにさせることができる。

＊1　『Hooked ハマるしかけ —— 使われつづけるサービスを生み出す［心理学］×［デザイン］の新ルール』Hooked翻訳チームほか訳、翔泳社（2014年）

図100-1　スマホ内の連絡先とFacebookのメッセンジャーアプリを同期することで、さらに多くのユーザーと簡単に「つながる」。リピーターになるための着実な一歩だ

100　ダークサイドには加担するな　　193

さて、お次はいわゆる「悪質なパターン」だ。企業やブランドがユーザーを意のままに操るべく巧みに仕掛けたUIやUXのパターンのことだ。ある意味、往年の詐欺師やならず者トレーダーの手口をそっくりそのままウェブの世界に移し替え、ポストインターネット時代向けにアップデートしたものと言ってよい。いくつか実例をあげてみるが、まず間違いなく皆さんも見かけたことがあるはずだ。

- 保険や補償のサービスへの申し込みなど、追加した覚えのない項目を、チェックアウト前に（ユーザーが削除しないことを期待しつつ）勝手に追加してしまうショッピングカート
- 検索結果を関連性の高い順に表示せず、アプリ（サイト）の制作者側がユーザーに売り込みたいものをトップに表示してしまう検索機能
- 広告らしくないのでユーザーが誤ってタップしてしまいがちな広告
- ユーザーの設定を勝手に変えてしまうアプリやサイト。ユーザーのプロフィールを勝手に変え、ユーザーが明示的に「非公開」を再指定しないと「公開」に戻してしまう
- 無数のチェックボックスのチェックを「正しく」解除しないと登録を取り消せない「確認ページ」
- 自動車のエンジンを制御する電子制御ユニットの不正なソフトウェア。当局による排ガス検査を検知すると有害物質の排出量を大幅に低減する

ほかにいくらでもあげられる。山ほどあるのだ。だがお願いだからこんなことはやめてくれ（**図100-2**）。

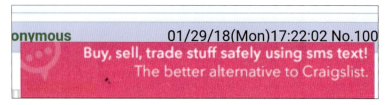

図100-2　画像にわざとホコリをくっつけてあるモバイルバナー広告。ホコリだと思い込んだユーザーが、払おうとして誤ってタップしてしまうのを期待している

医学界など分野によっては、専門家としての職業上の行動規範や倫理要項が定められている。ソフトウェア業界では定められていないが、そろそろ必要な時期かもしれない。

　こうした悪質なパターンや中毒を当て込んだ製品をデザインしたのは、ごく普通のソフトウェア会社のごく普通の社員だ。そうした社員にも選択の余地はあったが、ユーザーを守る道ではなく、会社を守る道を選択してしまった。だがそんな風にダークサイドに加担することなどせず、どうか善良なUXのプロを貫いてくれ。

ポイント

- 自分の手がけるソフトウェアの道義的、倫理的意味も忘れてはならない
- 自分でも使いたくなるようなインタフェースやUXをデザインせよ
- 守るべきは会社ではなくユーザーだ

101
ユーザーテストでは本物の
ユーザーを対象にせよ

　このルールを一番最後にあげたのには、それなりの理由がある。その重要性を強調した
かったからだ。本物のユーザーでテストをしなければ、他の100のルールなんて全部無意
味なのだ。

　テストの対象は、あなたの同僚でも上役でも共同経営者でもなく、実際のユーザー、そ
れも極力広範な社会層から抽出した多様な人々で構成されるグループでなければならな
い。

　ユーザーテストは、製品を理解するだけでなくユーザーを理解する上でも必須の手段
だ。ユーザーの真の目標は何なのか、それをどう達成したいと思っているのか、またそう
いった流れで製品の強みや弱みはどこにあるのか。そんな事柄を調べる。その結果ユー
ザーに対する理解が深まるばかりか、開発時間の短縮にもつながる。フィードバックルー
プの途中を飛び越す形で、製品ライフサイクルの早い段階から問題の修正が可能になるの
だ。

　ユーザーテストは開発のどの段階で始めても決して早すぎはしない。プロトタイプが未
完の段階であっても、（机の上でカードや付箋を入れ替えるものも含めて）ペーパープロ
トタイプの段階であっても、貴重な知見が得られる。できるだけ早い時期から製品をユー
ザーに見てもらうべきだ。

　そこで、何をテストするのか。ユーザーテストは、ランダムな相手にアプリのタスクを
試してもらうゲリラ的なものから、（通常、応用分野の知識を豊富に備えた）専門家ユー
ザーに複雑なタスクを試してもらう機能ベースのものまで、非常に幅が広い。だがどの場
合でもまず必要なのが、製品の複雑度と、ユーザーが製品を操作するのに必要な知識とに
応じて、何をテストするのかを明確にすることだ。

　ユーザーテストに関しては「費用も時間もかかる」という通念があるが、現実には10人
未満のごく小さなグループを対象にするだけでも非常に興味深い知見が得られる。この種
のテストはごく定性的で、定量的な分析にはあまり適さず、10人未満のユーザーから成
る小規模なものでも多くを知ることができるのだ。

196　9章　エピローグ

ニールセン・ノーマン・グループの研究[*1]によると、統計的な手法を用いて計算した結果、わずか5人を対象にしたユーザーテストを1回行うだけで、ユーザビリティにまつわる問題の85%は掘り起こせてしまうそうだ。

実際にはユーザーテストをやらない製品があまりにも多い。「公開後にどこが気に食わないのかユーザーの声を聞いて修正すればいいじゃないか」というのがその根拠だが、問題は「ユーザーはそんなことは教えてくれない。何も言わずに離脱していくだけ」という現実だ。今やインターネットにもApp Storeにも製品やサービスが溢れ返り、デバイスも千差万別、という時代だ。ユーザーが不満をもちながらもあえて利用を継続し、わざわざどこが不満なのかを明かして製品改良の手助けをしてくれるような誘因は一切ない。ただもう製品がポシャるだけなのだ。

本物のユーザーを対象にしてテストを行い、その言葉に耳を澄ませば、ユーザーの愛してやまない製品を構築できるはずだ。

ポイント

- 初期の段階から本物のユーザーを対象にしてテストを重ねろ
- 対象グループは、さまざまな年齢と性別のユーザーで構成せよ
- ユーザーテストは小グループ対象でも大きな成果が得られる

[*1] *Why you only need to test with 5 users*（なぜユーザーテストの対象者は5人で十分なのか）
https://www.nngroup.com/articles/why-you-only-need-to-test-with-5-users/

最後にもうひと言 ──「単純明快」をモットーに

> 完成は付加すべき何ものもなくなった時ではなく、
> 除去すべき何ものもなくなった時に達せられるように思われる。
> ── アントワーヌ・ド・サン＝テグジュペリ[1]

　仕事では何事につけても「単純明快」を目指せ。インタフェースや説明文、UXだけじゃない。会議で口にする言葉、メールに書く言葉もだ。

　専門用語や職場の隠語を使わないようにして、みんなをホッとさせてやれ。接する人、一人ひとりのUXの改善に努めるのだ。

　あなたが作るモックアップやワイヤーフレームは単純で有用なものであるべきだが、あなたに関わるすべてが、もちろんあなたの製品も、単純かつ有用であらねばならない。

　みんなが喜んで接してくれる人間になれ。

── **Will Grant**

---

[1]　『人間の土地』堀口大學訳、新潮文庫

訳者あとがき

「どうやら俺は、何かの欠点や問題点を見つけるのが得意らしい」。ある時からこう思うようになったが、本書を読んで、原著者も同類なのではないかと感じた。

こちらに悪意はなく、「こうすれば、もっとよくなるのに」と感じて、それを伝えるだけなのだが、反感を買ってしまうこともある（特に夫婦喧嘩のネタには困らない）。まあ「的確なご指摘をいただいた」と喜ばれることもたまにはあるが。

というわけで、この長すぎる「訳者あとがき」では、原著者があげなかった「ルール」を追加させていただくことにした。日本語が絡むものは原著者には無理なので、そうしたものを中心に（と思ったのだが、最終的には必ずしもそうならなかった）。

原著者は001から始めて101まで書いているが、訳者は201から始めさせていただく。102から200までの「ルール」は読者諸氏に埋めていただければ幸いだ。本書のサポートページ（https://musha.com/sc/101/）からご提案をお送りいただけば、訳者がまとめて、ウェブページに（あるいは本書の『続編』で！）公開して差し上げられるかもしれない（どれくらいの方がお寄せくださるかわからないが、その努力をすることはお約束する。本書がベストセラーになってくれれば、その余裕もできるだろうが (^_^)）。

いつものように、オライリー・ジャパンの皆様には大変お世話になった。とくに今回は、興味深い本の翻訳の機会を与えてくださっただけでなく、訳者のわがままな提案を受け入れてくださり、訳者が日頃感じていることを吐露する機会まで提供してくださった。感謝に堪えない。

それでは、次ページ以降で、訳者が常日頃思っている追加の「ルール」を提案する。訳者のツッコミに対するツッコミは大歓迎だ。議論を重ねて、さらに使いやすいものを追求していこうではないか。

2019年9月
訳者代表
マーリンアームズ株式会社　**武舎 広幸**

201　文字情報は画像ではなくテキストで

　会社名や店名、電話番号、住所などをコピペ（コピーしてペースト）して「住所録に登録したい」「メールやSNSにペーストして送りたい」と思っても、画像になっていてコピペできないことがある。スタイル指定やウェブフォントなどを使えば、見映えのする文字を、コピペ可能にするのは難しくない。

　たとえば、ある政府機関が運営しているサイトの例（**図1**）だが、電話番号をコピペしてカレンダーソフトに記入しようと思っても、コピーができないのだ（月曜の受付時間になったら電話をかけようと思ったのに...）。なぜこんな情報をわざわざ画像にしてこのページに置くのだろうか。非常にユーザーアンフレンドリーなサイトと言わざるをえない。

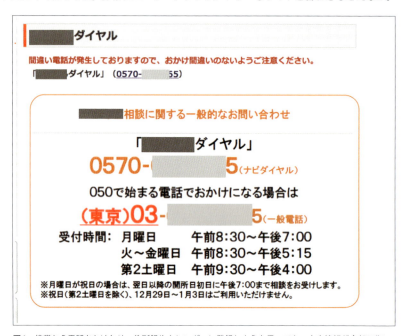

図1　携帯から電話をかけたり、住所録やカレンダーに登録しようと思っても、文字情報が全部画像になっているのでコピー・ペーストができない。なお、その後再度アクセスして気がついたのだが、画像の上にある「○○ダイヤル」（0570-XX-XXXX）の部分はテキストだった。ここからコピー・ペーストは可能だ（そうは言っても私のように気がつかない人もいるだろうから、下の画像をテキストにしておくほうが単純だしわかりやすいだろう）

お店の名前や住所を「メモ」アプリや「住所録」アプリにコピペしたいことはよくあるのだが、多くの店が、見映えだけを重視して店名を画像で示したりしている。見映えのするロゴの隣に、コピペしやすいテキストを置いてくれると、その店の株はグッと上がると思うのだが、いかがだろうか。

文字認識機能をウェブブラウザに組み込むのは?

　テキスト情報が画像になってしまっていて、コピー・ペーストができないページが既に大量に存在していることを考慮すると、そして（本書が爆発的に売れでもしない限り）そのようなページが今後も増え続けるであろうことを考えると、ウェブブラウザが対応してくれると助かる。

　画像内の文字を認識して、透明なテキストのレイヤーを画像内の文字の上に載せ、テキストをコピーできるようにするのだ。それほど難しい技術ではなさそうに思える。この機能を組み込んだら市場シェアが少しは上がるかもしれない。

ポイント

- 文字情報はできるだけ画像にせずにテキストで書き、ユーザーがコピー・ペーストできるようにしよう
- 見映えのする画像を使いたいなら、近くにテキストも表示しよう

訳者あとがき　203

202　パスワードを定期的に変更させるのはやめよう

「有効ではない」との意見が少なくとも専門家の間では主流になっているにもかかわらず、相変わらずサービスを利用するためのパスワードを定期的に変更させるサイトが少なくない。ユーザーの時間を浪費している悪習である。

　たとえば総務省のサイトでは、「パスワードを定期的に変更させても、安全にはならない」と明確に記載している[1]（**図2**）。

> 　なお、利用するサービスによっては、パスワードを定期的に変更することを求められることもありますが、実際にパスワードを破られアカウントが乗っ取られたり、サービス側から流出した事実がなければ、パスワードを変更する必要はありません。むしろ定期的な変更をすることで、パスワードの作り方がパターン化し簡単なものになることや、使い回しをするようになることの方が問題となります。定期的に変更するよりも、機器やサービスの間で使い回しのない、固有のパスワードを設定することが求められます。
>
> 　これまでは、パスワードの定期的な変更が推奨されていましたが、2017年に、米国国立標準技術研究所（NIST）からガイドラインとして、サービスを提供する側がパスワードの定期的な変更を要求すべきではない旨が示されたところです（※1）。また、日本においても、内閣サイバーセキュリティセンター（NISC）から、パスワードを定期変更する必要はなく、流出時に速やかに変更する旨が示されています（※2）。

図2　総務省のページでも「パスワードを定期的変更」は非推奨と書かれている

また新聞社のサイトにも同様の趣旨の記事[2]が掲載されている（**図3**）。

---

[1]　http://www.soumu.go.jp/main_sosiki/joho_tsusin/security/basic/privacy/01-2.html
　　このページは「国民のための情報セキュリティサイト」というタイトルが付いている。にもかかわらず2019年9月現在、URLはhttpsで始まっていない。メジャーなブラウザから接続を拒否される日も近いかもしれない…。

[2]　https://www.nikkei.com/article/DGXMZO05876050Z00C16A8000000/

204　訳者あとがき

実は危ない、パスワードの定期変更

2016/8/11 6:30

@ 保存　共有　印刷　その他

アカウントを安全に保つため、学校や職場から2〜3カ月ごとにパスワードを変更するよう求められているのではないか。これは広く実施されているセキュリティーの推奨事項だ。

ただし、これは完全に間違っている。

米連邦取引委員会（FTC）でチーフテクノロジストを務めるローリー・クレイナー氏は先週、米ラスベガスで開催されたセキュリティー会議でこの"通説"を打破した。

■かえって安全性が低下することも

図3　同じ趣旨の内容の新聞社のページ（日本経済新聞。2016年8月の記事）

　訳者は、実は以前から「なぜ定期的にパスワードを変更しなければならないのか」疑問に感じていた。パスワードを変えることでセキュリティがなぜ向上するのかその理由が見つからなかったのだ。

　よりセキュリティの高いものに（定期的に？）変更するのならば話はわかる。たとえば、今よりも長いもの、今よりも文字種が多いものに必ず変えなければいけないのならば、変えることでセキュリティの向上は期待できる（そんなサイト、誰も使わなくなりそうだが）。

　しかし、単にパスワードを変えるだけで、なぜセキュリティが強化されるのか。たとえば、lmnからopqに変えたところで、偶然マッチしてしまう確率はまったく変わらない。変えたからといって、安全になる保証は何もない。図2で指摘されているように「パターン化してしまう」のが関の山だろう。

それに「パスワードを変えるという行為」自体が、「悪意をもった他人にパスワードを知られてしまう危険を高める行為」なのではないかとも感じていた。こじつけ的なものも含め、思いつく理由をあげてみる。

- 定期的に「パスワードを変更してください」というメールが送られてくることに慣れているユーザーは、犯罪者からの同様のメールにも疑問をもたずに、偽サイトのURLをクリックして新しいパスワードを入力し、盗み取られてしまう危険性が高くなるのではないか
- 「キーロガー」が仕掛けられていれば、設定用と確認用に同じ文字列が現れることで「パスワードっぽい文字列」を機械的に見つけられてしまうかもしれない。（最近では多くの通信が暗号化されているので危険は小さくなったとはいえ、まだ総務省のページのように暗号化されていないものも多いので）ネット上を流れているデータを覗かれていれば、同じような手口が使われるかもしれない
- 偶然後ろを通った人が、一本指でゆっくりと入力したパスワード文字列を覚えてしまうかもしれない。多くのサイトでは2回連続で入力させられるので、覚えられてしまう危険性も高くなる
- 「新しいパスワード、メモしておかなくちゃ」と取り出したメモを盗み見られて（あるいは盗まれて）、その人のパスワードのパターンを把握されてしまうかもしれない
- （無意識に）つぶやきながらパスワードを入力する人がいるかもしれない

さて、総務省のサイトに明確に「パスワードの定期的な変更は不要」と書かれているのだから、少なくとも政府機関が運営しているサイトは、この指針に従っているはずだと思いたいところだが、残念ながらそうはなっていない。2019年9月に訳者がアクセスした、ある政府機関のサイトには**図4**のような警告が相変わらず表示されている。もちろん訳者は無視している。

> ・パスワードが一定期間変更されていません。パスワード変更画面にて、パスワードの変更を行ってください。
> ・秘密の質問と答えが一定期間変更されていません。秘密の質問と答え変更画面にて、変更を行ってください。

図4 ある政府機関のサイトの警告

パスワードの再設定には数分程度は時間がかかる。新しいパスワードを決めなければならないというのは心理的にも負担の軽い作業ではない。顧客に余分な時間と労力を費やしてもらうのに十分な根拠があるかを検討もせずに、単に「ほかの会社（組織）がそうしているから」という理由だけで定期的な更新を依頼していた組織が多いのではないだろうか。ユーザーの立場になって、自分たちの頭を使って、本当に使いやすいシステムを構築してほしいものだ。

パスワードリセットのリクエストが行われただけでパスワードを変える必要はないのでは？

　同じような疑問を抱かせるのが、「パスワードリセットのリクエストが行われたので、パスワードを変えろ」という連絡だ。たとえば、誰かが訳者のアカウントに不正に（あるいは誤って）アクセスしようとして、パスワードリセットのリクエストを行うと**図5**のようなメールが届くことがある。

▒▒▒▒▒▒様

ご利用の▒▒▒ID に対して、パスワードリセットのリクエストが先ほど行われました。この手続きを完了するには、以下のリンクをクリックしてください。

今すぐリセット ＞

お客様がこの変更を行っていない場合、または他人が不正にアカウントにアクセスしていると思われる場合は、iforgot.▒▒▒▒▒にアクセスしてただちにパスワードを変更してください。続いて▒▒▒ID アカウントページ（https://▒▒▒▒▒.com）にサインインしてセキュリティ設定を確認、変更してください。

今後ともよろしくお願いいたします。

▒▒▒サポート

図5　パスワードリセットのリクエストが行われた旨を知らせるメール

　この文面に従えば、自分がパスワードリセットのリクエストを行っていなくても、パスワードを変えなければならない。

訳者あとがき　207

だが、（悪意をもった）誰かがパスワードリセットのリクエストを行ったということは、アカウントへの侵入に失敗したことを意味する。つまりパスワードがその役目を果たしたということだ。

　役目を果たしているものを変える必要はないではないか。先ほどの例とまったく同じ理由で、パスワードを変えただけでは破られやすさは変わらない。

　この疑問をサポートに送ってみたのだが、返事は来たものの、内容はトンチンカンとしか言いようのないものであった（**図6**）。訳者の疑問にはまったく答えてくれていないのだ。

パスワードのリセットメールをお受け取りになりパスワードおよび個人情報の安全性について、ご懸念をお持ちと承りました。喜んでサポートさせていただきます。どうぞご安心ください。

パスワードのリセットについては、████様がリセットを試みていない場合にも他のデバイスや新たな環境下からアクセスが試された場合、送信がされます。

████ アカウントの安全性を高めるための注意点については、下記のページをご覧ください。

http://support.████.com/ja-jp/████303

また、████ はお客様のプライバシーを重視しており、お客様の個人情報を保護するために、多くの対策を講じております。お客様の情報の保護について詳しくは、下記のページをご覧ください。

http://www.████.com/legal/privacy/

上記の情報がお役に立ちましたら幸いです。ご不明な点がございましたら、このメールにご返信ください。████様のお役に立てるよう引き続きサポートをさせていただきます。

図6　疑問に対する返信は届いたが、内容は…

ポイント

- 「ユーザーに定期的なパスワードの変更を強いることは、セキュリティの低下を招く」と多くのが専門家が考えている。十分安全と思われるパスワードを設定しているユーザーに対して、パスワードの変更を強いることは即刻やめるべきだ
- 「他サイトがやっているから我々も」とパスワードの定期的変更を相も変わらず強制してくるサイトの管理者は、ユーザーの貴重な時間を浪費しても何とも思わない人々だと判断されても致し方なかろう
- 短いパスワードや、他のサイトと同じパスワードを使うのはやめ、できるだけ長い推測されにくいパスワードを設定し、問題が起こらない限りそれを使い続けよう

訳者あとがき　　209

203 「桁区切りのカンマ不要」「数字は全角で」は開発者の怠慢では？

　ウェブページで金額や住所の番地など、数字を入力しなければならないことは多い。その典型とも言えるのが金融機関のサイトだろう。

　そうしたサイトで「数字は半角でカンマ区切りなしで」とか「住所の数字は全角で」などと指定されることが多い。ユーザーにとっては面倒な話だ。

　ひとつ例を見てみよう（図7）。ある証券会社の投資信託の買付（購入）のページで購入金額を入力しようとしているところだ。制限いっぱいの金額を購入したいので、すぐ下にある「買付可能最大額」をコピー・ペーストして「985,000」と入力した。

図7　すぐ下にある金額（985,000）を入力したいので、コピー・ペーストしたくなるのが人情というものだ

　ところがこれで［送信］ボタンを押すと図8のようなエラーメッセージが表示されてしまう。

注文金額は0より大きい数値を入力してください。(WPLE090010)
注文金額は整数で入力してください。(WPLE090008)
注文金額は半角の数字で入力してください。(WPLE090006)

図8　金額をコピー・ペーストするとトンチンカンなものを含むエラーメッセージが3つも表示された

　どうやら「985,000」を数字とは解釈してくれなかったようだ。エラーメッセージもトンチンカンに思える。「0より大きい数値を入力しているぞ！」「金額は整数だぞ！」とツッコミを入れたくなる。

　システム側で「買付可能最大額」を「985,000円」と表示しているので、システムは

「985,000」を「額」として扱っているということを意味している。「額」ならば「数字」として扱ってくれるのが当然というものでないだろうか。少なくともユーザーがそう思っても不思議はないように感じる。

　なぜ、単に「,」を削除するだけの処理をしてみないのだろうか。多くのプログラミング言語では関数をひとつ呼べば済むだけの話だ。訳者には開発者の怠慢に思える。

　それともセキュリティ上なにか問題があるというのだろうか。このあと確認画面が出るのだから、その危険性があるようには思えない。文字列を評価（eval）する必要はない。3桁ごとの「,」があれば削除するだけの話だ。訳者の経験ではほとんどの日本語サイトがこのような処理をしている。ユーザーに時間の無駄を強いる悪習だと思うのだが、いかがだろうか。

　電話番号の入力についても同じような問題がある。電話番号について「ハイフン『-』は不要」などと書かれているページがあるが、これも開発者の都合ではないだろうか。「-」を書いてはいけないとなると、手入力時の確認が大変だ。コピー・ペーストしたなら、いちいち「-」を消さなければならない。どちらもユーザーの手間を増やす、「痒いところに手が届かない」システムになっている。

　クレジットカードについても同様だ。システムの立場からすれば余計なスペースは不要かもしれないが、入力を確認するユーザーの立場になってほしい。スペースがないと、何桁目まで確認が済んだのか覚えにくい。照合がとても大変になるのだ。

　こういったページの開発者は自分で電話番号やクレジットカード番号を入力した経験はないのだろうか。いや、ほとんどの開発者は経験があるはずだ。「自分の体験」を「ユーザーの体験」として見ていないのではないだろうか。本書の原著者も繰り返し書いているが、「共感力」の欠如が疑われる。

　「ほかのシステムも同じだから、これでいいや」「『ほかのサイトがみんなこうですから、これでいいと思います』と上司に言い訳ができるから、大丈夫」とばかり、従来のコードを使い回しているのかもしれないが。

訳者あとがき　211

ポイント

- 「区切り」の役目をするカンマやスペース、ハイフンなどは開発者が自分で削除するべきだ。わざわざ1文字ずつ削除しなければならないのは、ユーザーにとっては時間の無駄だ

- 表計算ソフトや既存のデータからコピー・ペーストしたいケースも多いはずだ。ユーザーが便利なように、「太っ腹」な処理をしてくれるデザインにするべきだ（「041 ユーザーの入力データの形式に関しては「太っ腹」で」を参照）

- 同様に全角・半角の変換もシステム側で自動的に行って、あとで変換結果を確認してもらえばよい

204　メニュー項目はユーザーが見つけやすいよう分類しよう

　論理的に意味のある位置にメニュー項目を置くのは当たり前のことだと思うのだが、気になる例が結構簡単に見つかる。

　あるサイトで登録住所の変更をしようとした時のことだ。ページ下部にあったナビゲーション用のメニューを見たら、「登録情報の変更/サポート」という項目が見つかった（**図9**）。99%（100%？）のユーザーは、この下位項目に「住所変更」があると考えるだろう。

　だが、その下位項目には「住所変更」がない。「登録情報の変更/サポート」の下位にあるメニュー項目を行ったり来たり、数分（以上？）費やしたが見つからない。

図9　あるページのナビゲーションメニュー。「登録情報の変更」の下に、住所変更がない！

　仕方がないのでFAQを探してみたところ、「ご利用状況の確認」の「お客様情報**照会**」にある「編集」ボタンを押せと書いてある。「照会」は「変更」ではないだろう。

　ともかく、「お客様情報照会」を選択してみると、そのタイトルが「お客さま情報の照会／**変更**」となっているではないか（**図10**）。

図10 「お客様情報照会」を選択して表示されたページ。タイトルが「お客様情報の照会/変更」となっている。「照会」をクリックすることで「変更」ができると思うユーザーは何人いるだろう?

「このメニューを作ったヤツは、いったい何、考えてるんだ」と独りブツブツ言いつつ、「お客様情報」の[変更]ボタンを選択して住所変更を無事終えることができた。

「登録情報の変更/サポート」の下に「お客様情報照会・変更」というメニューを載せておいてくれれば、無駄な時間を費やさずに済んだのに[*1]。

ともあれ、ツッコミどころ満載のサイトではある。ちょっと考えただけでも、次のようなものが見つかった。

[*1] とてもわかりやすいサンプルを提供していただいたことになったので、訳者にとっては悪いことばかりではなかったが…。

214 訳者あとがき

- 何のための「登録情報の変更/サポート」メニューなのか
- なぜトップメニューに「照会」とあるページを表示すると「照会／変更」と表記が変わるのか
- 「照会／変更」のページ（**図10**）の「／」（スラッシュ）はいわゆる全角のスラッシュに見える。これに対して前のページ（**図9**）の「登録情報の変更/サポート」のスラッシュはいわゆる半角のようだ。さらにいえば、「登録情報の変更/サポート」のメニュー項目にも半角と全角のスラッシュが混在している。ユーザー体験の良し悪しに「統一感」が及ぼす影響はほとんど考慮されていないようだ
- メニュー項目の一覧はスペースが限られているので半角スラッシュを用いた気持ちもわからないではない。訳者ならスペースが足りない［メールアドレス変更］と［パスワード初期化］は別項目にする。と思いつつ考えてみると、そもそも［メールアドレス変更］や［お知らせメール受信設定］は［メール設定・変更］の下位項目ではないのか
- **図10**にある「ニックネーム」や「会員種別」は「お客様情報」ではないのか。「お客様」の「情報」であることに、変わりはないと思うのだが（そもそもページのタイトルが「お客様情報の照会／変更」となっているではないか）。項目名の「お客様情報」を、たとえば「お名前・ご住所等」などといった表現に変更すればこんなツッコミは受けなくて済むだろう
- もっとも「氏名」や「ふりがな」「性別」「生年月日」を変更することなどめったにないのだから、「住所」と「電話番号」だけをひとつの項目の下にまとめて［変更］ボタンを置くべきだろう

　2019年5月にこのサイトの「お問い合わせページ」から上記の問題のうちいくつかを指摘してみたのだが、2019年8月現在、メニュー項目の構成は（まったく？）変わっていない。
　メニュー項目の並び替えに2ヵ月以上もかかるのだろうか。せめて住所変更だけでも右側の「登録情報の変更/サポート」の下に入れてほしいと思うのだが…。「お金を払ってくれるお客様から、毎日毎日、無駄な時間を盗み続けている罪深いサイトだ」と思ってしまっ

訳者あとがき　215

たユーザーが、果たしてこのサービスを利用し続けてくれるかどうか[*1]。

書籍サイトの分類はメチャメチャなところが多い？

　ショッピングサイトの本の分類も気になる。

　あるサイトでオライリー発行の『JavaScript 第6版』を検索してページを見たら、「プログラミング」の下の「java」の下位項目になっていた（**図11**）。開発者ならご存じだろうが、JavaとJavaScriptはまったく別の言語だ。それに、javaではなくJavaと表記してほしいところだ。

図11　JavaScriptの本がjavaの下位項目となっているのは困る

　もう1冊、JavaScriptの本を検索して見たら**図12**のように表示された。この本は「ネットワーク・通信」の下位項目の「ネットワーク・通信」の分類のようだ。

　こちらの分類は間違いとは言えないだろう。確かに、JavaScriptは「ネットワーク・通信」でも使われる。しかし、類似の内容の本が、まったく違った分類になっているのは困りものだ[*2]。

---

　*1　2019年10月になって同じページにアクセスしたところ、ようやくメニュー構成が変更され住所変更が簡単にできるようになっていた。しかし、メニュー構成の変更に約半年かかるというのは遅すぎるのではないだろうか。

　*2　実は、訳者が「ご要望ページ」から「『初めてのJavaScript』の分類を変えてくれ〜」と依頼した結果、こう変わったのだ（対応はすごく早かった）。すべてのJavaScrpit本に関して同様の要望を出せば、不当なjavaの支配下からJavaScript本を解放してやれる日が到来することになるだろう。

216　訳者あとがき

図12 同じサイトで、JavaScriptに関する別の本が「ネットワーク・通信」に分類されている

ものはついでとばかりに、あと2つ別のサイトで、1冊目の本を検索してみた結果が**図13**と**図14**だ。

図13 2番目のサイトでは「Java」に分類されていた。「java」でないだけマシではあるが…

図14 3番目のサイトでは「プログラミング」に分類されていた。細かくはないが妥当と言える

　分類がメチャクチャだと「このショップは、内容については無関心な人が作っているな〜」という印象をもたれてしまうこと必至だろう。「安くてすぐ届く」ほうがユーザーにとっては重要かもしれないが、「わかっている人が作っている、きちんとしたサイトから買いたい」というユーザーも少なくないと思うのだが、皆さんはいかがだろう。A書店で、自分の訳書（一応、数十冊ある）が置かれている位置に感動して、ほぼその書店でしか本を買わなくなってしまった訳者のような例もある（並びがゴチャゴチャな大型書店Bには、もう10年以上入っていないかもしれない）。

ポイント

- メニュー項目にウソ、偽りは書くな。「登録情報の変更/サポート」に「住所変更」のページがないなんて、「登録情報の変更」の看板に「偽リアリ」ではないか
- 分類の良し悪しはユーザーの印象に（大きく？）影響する
- 用語・用字の不統一はユーザーの印象を悪くするので避けるべきだ。半角・全角の違いなど、細部にも気を配れ
- ユーザーから指摘を受け、それが正しいと思ったら、できるだけ早く訂正（改良）せよ

205　英語として意味のとおらないカタカナ語を使うのはやめよう

　訳者は確定申告を毎年ウェブ経由で行っているが、お役所の収入（我々が払う税金）に直接影響するためだろうか、訳者が今までに利用したことのある官公庁のサイトの中では、群を抜いて使いやすいと思う（**図15**）。

図15　確定申告書等作成コーナーのトップページ。ボタンにはわかりやすい説明が付いているので、迷うことなく選択ができる

馴染みのない用語はひとつもなく、読めば何ができるのかがすぐにわかる。「ご利用ガイド」も用意されているが、訳者は一度も読んだことはない。それでも何の苦もなく使えてしまう。

　たとえば、源泉徴収票とか証券会社から届いた取引の証明書とか、自分の手元にある書類と同じようなイメージのフォームが表示されて、書類に書かれているとおりに入力していくと、申告書が少しずつ完成していく（**図16**）。心地よいほどに明解だ。税金のことゆえ、ややこしい部分ももちろんあるのだが、それはシステムの問題というより、税制の問題だろう。

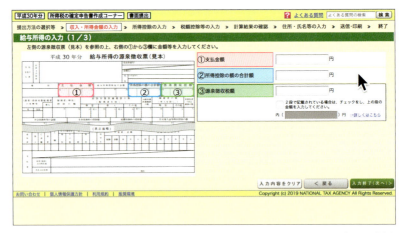

図16　源泉徴収票のイメージが表示されて、どの欄の数値をフォームのどこに記入すればよいかが簡単にわかる

　官公庁のサイトだと以前は「macOSはダメ」というところが多かったが、確定申告のサイトは最新のmacOSまで対応しているし、WindowsでもFirefoxやGoogle Chromeなどサードパーティのブラウザにも対応している。

　どの官公庁サイトもこれくらい頑張ってくれるとうれしいのだが、なかなかそうはなっていないのが残念だ。この項では、英語由来の用語に絞って検討してみよう。

パーソナライズログインとは？

　ある手続きの電子申請をしたくてリンクをたどっていたら**図17**のページにたどり着いた。

図17　パーソナライズとはなんぞや？

　「パーソナライズログイン」「パーソナライズの開設」「パーソナライズパスワード」といったリンクが並んでいるのだが、このリンクを見てこの日本語（英語？）の意味がわかる人が何人いるだろうか。確定申告のサイトとは大違いである。

　「パーソナライズログイン」は "personalize login" ということなのだろうか。loginをpersonalizeするとはどういうことなのか。personalizeはどう見ても動詞にしか見えない。「個人化する」つまり「個人的なものにする」といった意味だろうか。「ログイン」を「パーソナライズ」するとはどういうことなのか。ログインなんてそもそもが個人的なものではないのか。

　などと考えているうちに、このサイトを利用する気が失せてきた。

　いちいち用語の説明を読んで、多分英語ができない開発者が考えた意味を理解して、あえて電子申請をしたいほど暇な人はそうはいない。

　電子申請が必須のケースなぞめったにない。なぜ電子申請をしようと思ったかというと、手間が省けると思ったからだ。逆に手間が増えてしまうのに、電子申請をする気にはなれない。

　世の中で広く使われているカタカナ語なら使うのもやむを得ないだろう。たとえばログ

イン、ログアウト、ダウンロードなどの用語は、ほぼ100%のインターネット利用者が知っている。

どうしても新しい用語を作らなければならないのなら、そして英語をカタカナにして使わなければならないのなら、英語として筋の通る用語を使ってほしい。英語として正しいかを複数のネイティブスピーカーにチェックしてもらうのも当然だろう（できれば3人以上で、言葉の専門家を含むのが望ましい）。

これが一般企業のサイトなら短期間で閉鎖に追い込まれそうだが、このサイトは利用者が増えなくても閉鎖されることはない。我々の税金が継続して投入されていくのみである。

まあ、電子申請が必須で、必ずこのサイトを利用するという方々もいらっしゃるかもしれないので、そう断言するのは少し乱暴かもしれないが、少なくとも訳者のような潜在的ユーザーを着実に失い続けている。

「メインへスキップ」とは？

ある日、なぜかは忘れたが、ある議会のページに到達した（**図18**）。

目についたのが「○○院」というタイトルのすぐ右にある「メインへスキップ」というリンクだ。

何の意味かわからなかったが、ひとまずクリックしてみると、ナビゲーション部分が隠れて「本会議開会情報」が一番上に表示された。

これでも意味がよくわからなかったが、リンクをたどって何ページか見てみても、必ず一番上に「メインへスキップ」というリンクがあり、そこをクリックすると少し下にスクロールしてナビゲーション部分が隠れるようだ。

どうやら、「ナビゲーション部分を飛ばして本文へ移動する」というの意味で「メインへスキップ」という言葉を使っているらしい。読み上げソフトを利用している人のためのリンクのようだ。「本文へ進む」などといった日本語のほうがずっとわかりやすいのではないだろうか。なぜ、「メイン」「スキップ」などという表現を使う必要があるのか。

図18　ある議会のトップページ

　音声読み上げに対応するという姿勢ははすばらしいが、このページには視覚障害のない人も当然アクセスする（というか、そういう人のほうが圧倒的に多いだろう）。そんな人が戸惑うようなリンクを置かないでほしいものだ。「086 読み上げ機能に配慮して［本文へ進む］のリンクを追加せよ」にあるCSSを使えば、視覚障害のない人には無用なリンクは表示させずに済むのだから、そういった工夫をしてほしい。

英語をカタカナにするなら、英語の発音に近い表記にしよう

　その昔、日本の鎖国が終わって外国の言葉が入ってきた。

　縫い物をするための機械はまだ日本には存在していなかったので、新しい単語を作るし

訳者あとがき　223

かない。そこで、sewing machine の machine から「ミシン」という言葉ができたのだそうだ。

その昔、大型コンピュータ（大型機）ではアルファベットの大文字しか表示・印刷ができなかった。だから警告のメッセージは「WARNING」と表示されていた。これを「ワーニング」と読んだ開発者が多かったらしく、訳者が最初に就職した会社の先輩も「ワーニング」とおっしゃっていた。

訳者が「ワーニングってなんですか？ ヒョッとして、ウォーニングですか？」と言ったら、しばし沈黙の時間があったことを記憶している。その後の先輩の反応は忘れてしまったが。

そして、現在。漢字も含め世界中の文字が表示も印字もできる時代になっても、警告メッセージは相変わらず Warning と表示されている。一時期、開発者向けシステムのメッセージを日本語に翻訳していたアプリケーションも存在したが、現在はほとんどのメッセージは英語のまま表示される。バージョンアップのたびに訳している時間がないのである。

多くの IT 技術者は多かれ少なかれ英語と付き合わなければならない。そして、英語ができたほうがはるかに便利なのだ。情報を入手するのも簡単だし、プログラミングをするなら変数や関数などの名前（識別子）を考えるにも、他人のプログラムを読むのも英語ができたほうが効率がよかろう。最近の言語では識別子には日本語も使えるようにはなってきてはいるものの、英語ベースの識別子のほうが圧倒的に多く使われている。

一般の人が、award（賞）を「アワード」、reward（報酬）を「リワード」、feature（特徴、〜を特徴とする）を「フューチャー」と読むのは、とやかく言っても「多勢に無勢」的なところがあるので、（ある程度は）諦めるしかないようだ。しかし、自分が IT 関連の技術者だと思うのならば、自分の価値を高めるためにも、「通じる英語」を身につけようではないか。

そのためには発音にもこだわろう。「フューチャー」では英語が母国語でない外国人には future（未来）しか思い浮かばないだろう（ちなみに、future に動詞はないようなので、

時々耳にする「フューチャリン（グ）」と読む英単語は存在しないのではないかと思う）。まあ、[fíːtʃər]と「フィーチャー」は違うと言えば違うのだが、「フューチャー」よりはだいぶ近いので、ネイティブスピーカーや英語ができるノンネイティブスピーカーに意味が通じる可能性も高まるだろう。

　顧客の原稿に文句をつけるわけにはいかないだろうが、映画関係者から依頼されたサイトの原稿に「●●アワード発表」という表現があったとしたら、「石原さとみさんが受賞したのは『東京ドラマアウォード』で、アワードとはなってませんが、『●●アウォード発表』に変えなくてもよろしいのですね？」とお伺いを立ててみるのも、悪くないかもしれない。

ポイント

- 一般ユーザーに意味がわからないカタカナ語表現は使うな。やむをえず使う場合は、複数のネイティブスピーカーに英語として意味が通じるか確認を依頼せよ
- ネットで広く使われている言葉を使え。既に一般的に使われている用語があるのに、独自の用語など作るな
- サイトの不具合や改良点に気づいたら、「お問い合わせページ」から意見を送ろう。とくに自分が税金を払っている機関のサイトなら、自分たちの税金の使い道にはうるさくなろうではないか！（一般のサイトでも、気がついた不具合は知らせてあげたほうが、結果的に使いやすいサイトが増えて、我々の生活も楽しくなるのでは？）
- 使い勝手の良いサイトがあったら、「お問い合わせページ」や「アンケート」で、感謝のメッセージを送って管理者や開発者を喜ばせてあげよう。そうすれば（少しは）使いやすいサイトが増える（かもしれない）
- 英単語をカタカナにして使うのなら、英語の発音を確認しよう。ローマ字式の読みでは、英語として通じる可能性が低くなってしまう

206　重要な操作をしようとしたら、アプリをアップデートしなければならないのは最悪

　ある日、外出先でノートパソコンから銀行振込をしようとした。「ワンタイムパスワード」を入れる必要があるので、そのためのスマフォのアプリを起動した。ところが「アプリをアップデートしないと使えません」と表示され、振込ができなかった。

　ワンタイムパスワードの入力ぐらい、アップデートしなくても（ひとつ前のバージョンでも）できるように作るのが当たり前ではないだろうか。この時はそれほど急いではいなかったのでよかったが、一刻を争うものだったら大ごとだった。

「いっそのこと、銀行変えたろか」

　何年か前に、スマフォをアップデートした時にもワンタイムパスワードの生成アプリが使えなくなってしまったことがあった。古いアプリがスマフォの新機種に対応していなかったのが原因だった。ウェブを検索したら、書類を介した手続きが必要だとわかって、仕方がないので、カミさんの口座から振り込ませてもらった。

　銀行アプリで、機種依存のことをする必要があるのか大いに疑問なのだが、なぜか新機種に変えると動かなくなることが多い（OSの提供元が、新バージョンで新しい仕様に対応するよう求めてきている可能性もあるかもしれないので、必ずしも銀行のせいではないかもしれないが）。

　アプリ利用者には1週間以上前にメールで「〇月〇日以降、××銀行アプリからお振込になるには、アプリの新版（x.y.z）へのバージョンアップが必要です。お早めにダウンロードをお願いいたします」と知らせることが必須だと思うのだ。数日たっても新版のアプリを起動していなかったら、もう一度メールで連絡してくれれば確実だろう。

　最近の若者の行動を見ると、アプリの使いやすさで、色々なものが選ばれる時代になってきているような気がする。IT系企業に限らず、開発者の技術力が、組織の命運を左右する時代が来たのかもしれない。

ポイント

- アプリをその場で最新版にアップデートしなければ主要機能が使えないようなシステムは作るな
- アプリのアップグレードが必要なら、メールなどユーザーに確実に届く方法で、十分な準備期間をもって告知せよ

207　インタフェースをコロコロ変えるのはやめよう

　地図や予定表などユーザーが頻繁に利用するアプリのUIが変わってしまって戸惑うことが少なくない。馴染んだ使い方を変えなければならないのはユーザーにとっては大きな負担だ。とくに年齢が上がれば上がるほど変化に対して感じるストレスは大きくなる。とてつもなく重要な理由があるのでない限り、頻繁に使う機能のUIは変えないでほしいというのが、多くのユーザーの願いだろう。

　2018年10月のこと。スマフォでいつも使っている予定表アプリにイベントを加えようとして目を疑ったことがあった。［＋］→［予定］とタップして、［終日］の予定であることを示すスイッチをオンにした時に、「タイトル」の選択肢として**図19**の項目が表示されたのだ。それまでは、単に予定を記入するだけだったが、なぜか10個ほどの選択肢が表示されるようになった。

　この画面で、「タイトル、時間、参加者、場所を入力」の欄を何度タップしても文字が入力できない。「歯医者」とか「散髪」とか「マッサージ」とか、それほど頻度が高くなさそうな選択肢を選べるだけなのだ。

　「母の誕生日」を予定表に改めて入力する機会はあるのだろうか。入力するなら大昔に入力してるはずだし、母親の誕生日なんて予定表に入れなくたって覚えている。第一、訳者の母親はもう彼岸へ旅立ってしまった。だから今さら母親の誕生日を入力する機会はない。

　『この選択肢考えたヤツは、ナニ考えてるんだ？ それともお得意のAIにやらせてるんか？ 俺の年齢を（勝手に）推測しているのか』とも思ったが、それなら「休校」は何だろうか。

　実は、ここで［終日］のスイッチをオフにすれば普通に自分が入れたいフレーズを入力できたのだが、それに気がつくまでに、5分以上は経過していた。これに気がつかない限り、自分の入れたいタイトルは入力できず、［×］をタップして、この画面を抜けるしかなかった（カミさんも同じ状況になり、「結局スマフォでの入力は諦めた」とのことだ）。

図19　予定表アプリで表示された「タイトル」の選択肢（その時の画像は低解像度のものしか残っていないので、文字部分を書き直した）

もともと出先で予定を追加することは少ないのでこの機能を使う頻度は高くない。しばらくしてやってみた時には、意味不明の選択肢はさすがに表示されなくなっていたが、バグとしか思えないような「仕様変更」を施したバージョンが、品質管理のハードルを飛び越えて一般に公開されてしまったようだ。

全世界で何百万人、何千万人も利用者がいるであろうアプリであってもこの種の出来事が起こるのだからユーザーは安心できない。「こんな機能入れたんだから使ってもらわなくちゃ」という開発者のエゴのほうが勝ってしまった結果ではないのかと疑いたくなる（「092 デフォルト設定を過小評価するな」も参照）。

本当にユーザーのことを第一に考えているのか。自分たちの都合を優先しているのではないのか。

まったく別のアプリケーションを同じ名前にするのはいかがなものか

数年前のこと、あるOSに標準で付いてくる動画編集用のアプリケーションのインタフェースがまったく別物に変わってしまった。

図20は数年前まで使われていた旧バージョン（旧版）で、**図21**が新バージョン（新版）だ。

見た目も大きく変わったが、なにより作業手順も使い方も、根本の思想とでもいうべきものも大きく異なる、「共通点はムービーの編集という目的だけ」と言ってもよいような、まったく別のアプリだ。

訳者は何年ものあいだ、新版を使う気になれなかった。旧版は直感的でわかりやすく機能的にも十分で、変える理由がなかったのだ。マニュアルなんて全然見ないでスイスイ編集できた。すばらしいインタフェースだった。

姪の結婚式のDVDを作って発売されたばかりのタブレットで再生し、知人に見せたりしたのも懐かしい思い出だ。

図20 ある動画編集用アプリケーションの旧版

図21 同じ名前の動画編集用アプリケーションの新版

しかし旧版は標準では提供されなくなり、まったく違うインタフェースをもった（同じ名を冠した）別アプリが登場した。そしてしばらくして、旧版は起動もできなくなってしまった[*1]。

　訳者は「旧版が使えないビデオ編集」をヤル気が起こらず、しばらくの間、動画再生ソフトでムービーを「トリム」する以外、動画には触らなくなってしまった。

　ここに来て、仕事でビデオ編集が必要になったので、仕方なく新版を使ってみた。マニュアルを読むのは嫌いなので、試行錯誤していろいろ試していたら、そこそこ使えるようになった。しかし、旧版に比べると、ひとまず使えるようになるまで3倍ぐらいの時間はかかったような気がする。

　何年もバージョンアップを重ねると、新機能の追加が徐々に困難になるのは理解できる。しかし、主要な機能を使えなくしたり、大幅にインタフェースを変えたりするのは避けてほしいものだ。少なくとも、基本的な使い方は、「前と同じにもできます」と謳ってほしい。

　「俺は若いから平気さ。どんどん便利に変えてほしいね」というあなたへ。誰もが歳をとることを、お忘れなく。ユーザーへの共感なくしてよい製品はできない。

　どんなに大きな企業が作ったどんなにユーザーの多いアプリであっても、信じられないバグが混じり込んだり、あり得ないと思うような仕様変更が行われる場合があることは歴史が証明している。ユーザーは常に疑いの目をもち、心の準備をしておこう。決して安心しないことだ。

　自分が使いたいアプリをできるだけ長く使えるよう、できる限りの対策を立てよう。もっとも、最近の「自動アップデート」の潮流に逆らうにはかなりの労力が必要なので、諦めるしかないのかもしれないが…。

[*1]　今でも古いマシンの別「パーティション」に保存してある古いOSで起動すると、旧版を使うことはできる。だが、このためだけに再起動してOSを切り替える気にはなれないし、セキュリティ上の問題もありそうだ。もっとも、**図20**はこの方法を使って「キャプチャ」したものだ。

ポイント

● アプリやシステムのバージョンアップで、インタフェースを大きく変えてしまうのは
極力避けよう。新バージョンを別のアプリとしてリリースし、旧バージョンも数年は
サポートするなど、ユーザーのストレスを軽減する施策をとるべきだ

208　漢字は東アジア公認のアイコンセット？

　書籍の翻訳を始めてしばらくした頃、外資系出版社の招待でその会社の米国、中国、台湾、フィリピン、インドネシアなどにある支社の方々が集まる会議に参加したことがあった。開催地はシンガポールで会議の「公用語」は英語だったが、参加者の多くは漢字の読み書きができた。

　中国からの参加者の中に「武」さんという男性がいた（奥さんは別の姓だったような気がする）。訳者の姓は武舎なので、「同じ漢字だね」としばし盛り上がった。「武」は戦いを連想する漢字だけれど、「戈（武器の一種）を止めること」つまり「戦いを止めること」を意味するんだよと、この漢字の成り立ちを武さんが教えてくれた[*1]。

　原著者が「019 絵文字は世界公認のアイコンセット」に書いているように、絵文字はアイコンとして使える。それぞれがものや動作、感情などを表しており、ユーザーに意味や意図を伝えられるからだ。

　漢字も意味をもっている。だから、漢字文化圏の人たちとは筆談ができる（中国・台湾の人とは英語のように「主語＋動詞＋目的語」の語順にしたほうが通じやすいようだが、地域によって意味が異なる漢字がある点には要注意だ）。

　そもそも漢字も元をたどれば「絵」から始まったものが多い。「笑」という字は、それ自体が笑っているようにも見えるし、田、川、山などは簡略化（抽象化）された「絵文字」に見える。

　漢字文化圏の人ならば漢字の意味はわかる。だから、絵文字同様、漢字もアイコンセットと見なせるのではなかろうか。地の文と区別がつきにくくなるのが絵文字とは違うところだが、色や大きさ、囲みなどのスタイルを変えれば、この問題は解決できそうだ。

　印刷が始まるまで文字は手で書かれていたので、簡略化（抽象化）され、絵としての細かさは削ぎ落とされていった。簡略化されたがゆえに、ある程度の時間をかけて覚えれば、誰でも手で書けるようになる。まれに、非常に画数が多くて誰も書きそうにない文字も存在はするが、ごく少数だ。

---

*1　もうひとつ「戈を持って歩く」という意味だという説もあり、そちらのほうが有力なようだ。ただ、今の時代には武さんの解釈のほうがふさわしいような気もする。詳しくは次のページなどを参照
── https://www.kanjicafe.jp/detail/6559.html

一方、絵文字を手で書く機会はまずない。コンピュータを使うことで、手で書けない「文字」を使って意思疎通できるようになったわけだ（ちなみに、絵文字は文字であるにもかかわらず多くの人は読み方を意識せずに使っているという特徴ももっている）。

　非漢字文化圏の人々にとってはどうだろうか。漢字はアイコンセットになりうるのだろうか。

　アルファベットや仮名などの表音文字は単独では意味をもたないので、綴りあるいは発音を覚えなければ、意思疎通には使えない。しかし漢字は形で覚えることができる。漢字の偏や旁の意味を理解してもらえば、読めない漢字でも意味をある程度は理解してもらえそうだ。

　日本語の世界に入るのに「まず漢字から」というアプローチはどうだろう。結構面白がる外国人がいそうな気もする。

ポイント

- 漢字はそれぞれが意味をもっており、絵文字と同じようにアイコンセットとして見ることもできる

訳者あとがき　235

索引 Index

■■記号・アルファベット■■

... (省略記号) ……11, 183
@ (アットマーク) ……40
<input autocomplete="shipping
    postal-code">……80
<input type="color">……48
<input type="date">……52
<input type="email">……84
<input type="number">……56
<input type="tel">……50, 82
' (アクサン) ……77
7 ± 2……59
80:20の法則……178
A/Bテスト……126, 178
Android……41, 52, 80, 86, 113, 133,
    157, 168, 175
autocomplete……80, 82, 85
Basecamp……106
Craigslist……181
CRUDアプリ……128
DNS……13
eコマース……126
Firefox……134
font-size……10
FOUC……5
Gmail……103, 148
Google……152, 158
Google Fonts……5
Googleカレンダー……181
Google 検索……123, 151
Google ドキュメント……118
Google 翻訳……32
Gravatar……92
iCloud……185
iOS……41, 52, 80, 86, 133, 144, 157,
    168, 175, 181
iPad……185
iPhone……113, 146, 168
join (参加する) ……18
letter-spacing……10

line-height……10
log in (ログイン) ……17
macOS……142
MailChimp……119
Microsoft Word……185
ohnosecond (オーッ・ノー・セカ
    ンド) ……103
Opus One……141
register (登録する) ……18
Shopify……86, 106
sign in (サインイン) ……17
sign out (サインアウト) ……17
sign up (入会手続きをする) ……18
Slack……124
Stripe……183
Tab キー……170
tabindex……170
TF-IDF……152
The Noun Project……31
Tizen……175
Tweetie……49
Twitter……116
Typekit……5
UI要素……129
URL……48
W3C……14, 165
WCAG……14
YouTube……140

■■あ行■■

アイコン……26, 27, 30, 32, 34, 36,
    38, 40, 66
アカウント……18
アクセシビリティ……15, 168, 170,
    172
アップデート……226
アバター……92
アフォーダンス……42
アンダーライン……61
アンチパターン……66, 118
色情報……166

隠語……199
インスタグラム……160, 192
インビジブルデザイン……12
隠喩 (メタファー) ……26, 27
ウェブフォント……5, 202
ウォーターマーク……171
運動障害……170
絵文字……36, 77
オーッ・ノー・セカンド
    (ohnosecond) ……103
大文字小文字の区別……13
奥行き……42
音声読み上げソフト……32, 164,
    165, 172, 223

■■か行■■

カート……126
買い物かご……126
拡大・縮小……168
カスタムフォント……5
下線……61
画像……92
カタカナ語……219
可能……130, 133
カラーピッカー……48
我流のコントロール……49, 51, 56
慣行……174
カンマ区切り……210
関連度……152
既存のファイルを複製して編集
    ……128
起動画面……157
客観性……2, 20
行間……10
共感力……2, 20
共有……40
クッキー……102
クリック……28, 94
グレイスフルデグラデーション
    ……187
クレジットカード……77, 86, 89, 211

警告……166
決済……89
現在位置……120, 122
検索……66, 115, 151, 152, 164, 178, 179, 194
検索フィールド……66, 134
検索ボタン……66
検証済み……79
購買漏斗……126
コード・オブ・プラクティス ……179
ここをクリック……164
固定サイズ……10
小見出し……8
コントラスト比……14, 191
コントロール……49, 52
コンバージョン率……54, 56, 70, 72, 127

■■さ行■■

サインアウト（sign out）……17
サインイン（sign in）……17
視覚障害……164, 165, 170, 223
視覚的フィードバック……73
色覚障害……166, 168, 172
シグニファイア……42, 61, 181
システムフォント……5
実務指針……179
自動保存……154
支払い……89
絞り込み……115, 152, 178
使命……158
ジャーニー……118, 120, 124
借用厳禁……179
斜体……4
車輪の再発明……174
住所……79
柔軟性……78
受信トレイ……189
受動態……21
小数点……91

省略記号（…）……11, 183
省略時設定……142
ジョージ・ミラー……59
初期ページ……106, 108, 124
初心者向けのTip……108
初心者ユーザー……138
書体……4
シングルページアプリケーション ……122
数字……210
数値……55
スクリーンリーダー……32, 172
スクロール……110, 113, 117
スクロールバー……112
スタイル……26
スピナー……49, 148
スプラッシュ……191
スプラッシュスクリーン……157
スライダー……55
スローガン……157
セキュリティコード……89
セッションID……102
設定……142, 177
全角……210
選択肢……59
専門用語……199

■■た行■■

ダークサイド……192, 195
代替テキスト……171
タイトル……4
タイトルのフォントサイズ……7
タイトルバー……154
タイプフェース……4
タイムライン……110, 116
タッチインタフェース……63
タップ……28, 63, 94
タブレット……185
短期記憶……59
チェーホフ……138
チェックボックス……48

通知……160
続きを読む……164
定性的な値……55
ティム・バーナーズ＝リー……61
テープレコーダー……27
テキスト……32, 203
テキストエリア……68
テキストフィールド……66
テキストラベル……28, 34, 166
デフォルト……142, 153, 176, 178
デモ動画……138
テンキー……50
電話機……27
電話番号……48, 77, 82, 211
統一……26, 215
動詞……21
盗用……179
トースト……103
トグルコントロール……179
トグルスイッチ……48
取消……103
ドロップダウンメニュー……48, 57

■■な行■■

長押し……49
ナビゲーション……132, 134, 165
並べ替え……115
入力フィールド……56, 172, 189
入力欄……68
能動態……21
ノーティフィケーション……160

■■は行■■

パーチェスファネル……126
背景色……14
ハイパーリンク……61
パスワード……13, 96, 97, 99, 101, 204, 226
パスワードマネージャー……96
パスワードリセット……207
パターン化……205

索引　237

バッジ……192
バナー……103
パレートの法則……178
パワーユーザー……142
半角……210
パンくずリスト……120, 122, 134
ハンバーガーメニュー……132
ビジョン……157, 158
ピッカーコントロール……50, 57
日付ピッカー……52, 54, 73
必須……129
評価……155
表現……20
ファイルシステム……185
ファビコン……38
フィード……116
フィードバック……46
フィッツの法則……44
フィルター……152
フィルターパネル……178
フォーカス……67, 170, 171
フォーム……48, 56, 68, 70, 77, 86, 88, 93, 170, 171, 179, 220
フォームの検証……73, 75
フォント……191
フォントサイズ……7, 10
複製……128
フックモデル……192
フッター……112, 134
太字……4
フラットデザイン……41, 181
ブランディング……38
ブランド……190
ブルータリズムデザイン……181
プレースホルダ……94, 171
フレームワーク……187
プログレスインジケータ……120, 166

プログレスバー……146, 148, 149, 150
フロッピーディスク……27
プロトタイプ……196
分類……151
ページネーション……114
ペースト……97
ペーパープロトタイピング……130
べからず集……66, 118
ベストプラクティス……179
ベテランユーザー……138
ヘビーユーザー……130
傍点……4
ポール・フィッツ……44
保存……154
ボタン……41, 46
ポップアップ……155
ホバー……61
本文……4, 8, 10
本文へ進む……165

■■■ま行■■■

マーク……40
マイク……27
マイクロアニメーション……94
迷子……113
マテリアルデザイン……41
見えないデザイン……12
見出し……4, 8
道しるべ……120
ミニマリズム……181
未保存……154
無限スクロール……110, 113
虫眼鏡のアイコン……66
メール……13, 40
メールアドレス……84, 99
メタファー（隠喩）……26, 27
メッセージ機能……189
メトロUI……41

メニュー項目……213
メンタルモデル……16, 120, 122, 140, 165, 185
文字色……14
文字間隔……10
文字サイズ……10
文字情報……202
モックアップ……199
モバイルファースト……187
模倣……179

■■■や行■■■

ヤコブの法則……179
ユーザージャーニー……118
ユーザーテスト……34, 42, 126, 149, 178, 185, 187, 196
郵便番号……77, 79
ユニコード……36
指先サイズ……63
容易……129
用語……16, 20
用語統一……16

■■■ら行■■■

ラジオボタン……48
ラベル……171
離脱率……126
立体感……42
理念……159
利用状況……178
リンク……61, 166
リンクテキスト……164
レスポンシブデザイン……35, 132, 168, 187
ロイヤリティフリー……31
ログイン（log in）……17

■■■わ行■■■

ワイヤーフレーム……130, 199

著者紹介

Will Grant（ウィル・グラント）
英国在住。UI/UXエキスパートならびにデジタルプロダクト・デザイナー。ウェブテクノロジーを駆使する起業家としてテクノロジーとユーザビリティの「十字路」で数々の製品開発チームを率い、20年を超す経験を積んできた。
コンピュータサイエンスの学位を取得後、ニールセン・ノーマン・グループでユーザビリティデザインの世界的権威であるJakob Nielsen、Bruce Tognazzini両氏に師事。以後、複数の大規模なウェブサイトやアプリケーションのUX/UIデザインを監督し、膨大な数のユーザーに製品を届けてきた。
デザインにかけては「純粋主義者（ピュアリスト）」を自認し、美と魅力、親近感、直感的操作性に富んだ製品を生み出すべく常に情熱と執念を燃やしている。

査読者紹介

Billy Hollis（ビリー・ホリス）

デザイナー、開発者、コンサルタント、トレーナー、著述家、講演者として活躍。業界では常に既存のものに物申す存在である。現在はNext Version SystemsでXAMLによる開発を進める世界有数のチームを率いている。

開発者としてのキャリアは30年を超え、アーキテクチャ構築も含めたソフトウェア開発の手腕に関しては世界的評価を得ている。開発者ならびにコンサルタントとしては、ヘルスケア、エネルギー、情報通信、人材の各分野のシステムを開発、著述家としてはテクノロジー関連書を10冊、雑誌記事を多数、単著または共著で発表、カンファレンスにおける講演者としては、TechEd、DevConnections、VSLiveなど主要な業界イベントで多数のソフトウェア開発者を前に講演を行ってきた。

Daniel Thompson（ダニエル・トンプソン）

ソフトウェア開発のベテランであり、デジタル製品の生みの親としての経験と知識も豊富。システムの設計、アーキテクチャ、安定性、ならびに企業・消費者向けソフトウェアのスケーリングに関わる経験は20年を超え、グローバル企業に性能および信頼性の高い製品を提供することにかけては折り紙つきの実績の持ち主である。スタートアップ関連では、数多くのチームに対し、新たな着想を練り上げ肉付けし、顧客のニーズを満たすスケーラブルなMVP（minimum viable product：実用最小限の製品）に仕上げる支援を続けてきた。さらにD4 Softwareの創設者でもあり、既にProdlytic、SQLizer、QueryTreeを世に送り出している。

Kate Shaw（ケイト・ショー）

フリーランスの立場から製品デザイン界の旗振り役を務める。コミュニケーター、クリエイター、問題解決の名手、旅の達人、フリーの思索家、（自称）熱狂的革命児、子をもつ母として、かれこれ15年にわたりデジタル製品による快適で楽しい経験を創出。ユーザー中心設計の重要性を熱く語るプロフェッショナルである。具体的には、商業的なニーズと一般ユーザーのニーズとのバランスを取りつつ、一般ユーザーの直感的な操作体験を実現するデザインを考案し、スタートアップやFTSE100（ロンドン証券取引所上場企業のうち時価総額での上位100社）、公共機関に提供している。クライアントはBBC、『デイリー・テレグラフ』、『ガーディアン』、百貨店チェーン「ジョン・ルイス」、マークス＆スペンサー、Hotels.com、Digitas、Ogilvy、Yotiなど。

訳者紹介

武舎 広幸（むしゃ ひろゆき）
国際基督教大学、山梨大学大学院、カーネギーメロン大学機械翻訳センター客員研究員等を経て、東京工業大学大学院博士後期課程修了。マーリンアームズ株式会社（https://www.marlin-arms.co.jp/）代表取締役。主に自然言語処理関連ソフトウェアの開発、コンピュータや自然科学関連の翻訳、辞書サイト（https://www.dictjuggler.net/）の運営などを手がける。著書に『プログラミングは難しくない！』（チューリング）、『BeOS プログラミング入門』（ピアソンエデュケーション）、訳書に『インタフェースデザインの心理学』『iPhone SDK アプリケーション開発ガイド』『ハイパフォーマンス Web サイト』（以上オライリー・ジャパン）、『マッキントッシュ物語』（翔泳社）、『HTML 入門』『Java 言語入門』（以上ピアソンエデュケーション）、『海洋大図鑑－OCEAN－』（ネコ・パブリッシング）など多数がある。https://www.musha.com/ にウェブページ。

武舎 るみ（むしゃ るみ）
学習院大学文学部英米文学科卒。マーリンアームズ株式会社（https://www.marlin-arms.co.jp/）代表取締役。心理学およびコンピュータ関連のノンフィクションや技術書、フィクションなどの翻訳を行っている。訳書に『エンジニアのためのマネジメントキャリアパス』『ゲームストーミング』『iPhone アプリ設計の極意』『リファクタリング・ウェットウェア』（以上オライリー・ジャパン）、『異境（オーストラリア現代文学傑作選）』（現代企画室）、『いまがわかる！世界なるほど大百科』（河出書房新社）、『プレクサス』（水声社）、『神話がわたしたちに語ること』（角川書店）、『アップル・コンフィデンシャル 2.5J』（アスペクト）など多数がある。https://www.musha.com/ にウェブページ。

インタフェースデザインのお約束
—— 優れた UX を実現するための 101 のルール

2019 年 11 月 7 日　初版第 1 刷発行
2020 年 2 月 27 日　初版第 2 刷発行

著者	Will Grant（ウィル・グラント）
訳者	武舎 広幸（むしゃ ひろゆき）＋武舎 るみ（むしゃ るみ）
発行人	ティム・オライリー
装幀	河原田 智〔ポルターハウス〕
制作	ビーンズ・ネットワークス
印刷・製本	日経印刷株式会社
発行所	株式会社オライリー・ジャパン
	〒160-0002 東京都新宿区四谷坂町12番22号
	Tel　(03)3356-5227
	Fax　(03)3356-5263
	電子メール japan@oreilly.co.jp
発売元	株式会社オーム社
	〒101-8460 東京都千代田区神田錦町3-1
	Tel　(03)3233-0641〔代表〕
	Fax　(03)3233-3440

Printed in Japan (ISBN978-4-87311-894-9)
乱丁本、落丁本はお取り替え致します。

本書は著作権上の保護を受けています。本書の一部あるいは全部について、株式会社オライリー・ジャパン
から文書による許諾を得ずに、いかなる方法においても無断で複写、複製することは禁じられています。